现代蔬菜
病虫害
防治丛书

西瓜甜瓜
病虫害诊治原色图鉴

高振江　吕佩珂　袁　鹤　主编

第三版

化学工业出版社

·北京·

内容简介

本书紧密围绕西瓜和甜瓜生产需要，针对生产上可能遇到的大多数病虫害，包括不断出现的新病虫害，不仅提供了可靠的传统防治方法，也挖掘了不少新的、现代的防治方法。本书介绍了西瓜及甜瓜常发生的 160 种病害、37 种虫害，图文并茂，有宏观的症状特写照片、病原生物各期照片，便于准确识别病虫害，做到有效防治。按不同地域，分析了病因、病原体生活史与生活习性、为害症状与特点、病害分布与寄主、传播途径和发病条件，给出了行之有效的生物、物理、化学防治方法，科学、实用，可作为各地家庭农场、蔬菜基地、农业技术服务部门参考书，指导现代西瓜、甜瓜生产。

图书在版编目（CIP）数据

西瓜甜瓜病虫害诊治原色图鉴 / 高振江，吕佩珂，袁鹤主编. —3版. —北京：化学工业出版社，2024.4
（现代蔬菜病虫害防治丛书）
ISBN 978-7-122-45093-7

I. ①西… Ⅱ. ①高… ②吕… ③袁… Ⅲ. ①西瓜-病虫害防治-图谱②甜瓜-病虫害防治-图谱 Ⅳ. ①S436.5-64

中国国家版本馆CIP数据核字〔2024〕第034916号

责任编辑：李　丽　　　　　　　文字编辑：李娇娇
责任校对：宋　夏　　　　　　　装帧设计：关　飞

出版发行：化学工业出版社
　　　　　（北京市东城区青年湖南街13号　邮政编码100011）
印　　装：河北京平诚乾印刷有限公司
850mm×1168mm　1/32　印张6¼　字数217千字
2024年5月北京第3版第1次印刷

购书咨询：010-64518888　　售后服务：010-64518899
网　　址：http://www.cip.com.cn
凡购买本书，如有缺损质量问题，本社销售中心负责调换。

定　　价：39.80元　　　　　　　　版权所有　违者必究

编写人员名单

主　　编：高振江　吕佩珂　袁　鹤

副 主 编：苏慧兰　郑于莉　高　娃

参　　编：王亮明　潘子旺　高　翔　李　凯

前言

　　近年来，随着全国经济转型发展，我国蔬菜产业发展迅速，蔬菜种植规模不断扩大，对加快全国现代农业和社会主义新农村建设具有重要意义。据中华人民共和国农业农村部统计，2018 年，我国蔬菜种植面积达 $2.04 \times 10^{7} hm^{2}$，总产量 $7.03 \times 10^{8} t$，同比增长 1.7%，我国蔬菜产量随着播种面积的扩张，产量保持平稳的增长趋势，2016～2021 年全国蔬菜产量复合增长率 2.18%，蔬菜产量和增长率均居世界第一位。目前，全国蔬菜播种面积约占农作物总播种面积的 1/10，产值占种植业总产值的 1/3，蔬菜生产成为了农民收入的主要来源。

　　2015 年，中华人民共和国农业部启动农药使用量零增长行动，同年 10 月 1 日，被称为"史上最严食品安全法"的《中华人民共和国食品安全法》正式实施；2017 年国务院修订《农药管理条例》并开始实施，一系列法规的出台，敲响了合理使用农药的警钟。

　　编者于 2017 年出版了"现代蔬菜病虫害防治丛书"（第二版），如今已有七年之久。与现如今的蔬菜病虫害种类和其防治技术相比较，内容不够全、不够新！为适应中国现代蔬菜生产对防治病虫害的新需要，编者对"现代蔬菜病虫害防治丛书"进行了全面修订。修订版保持原丛书的框架，增补了病例和病虫害。

　　本书结合中国现代蔬菜生产特点，重点介绍两方面新的关键技术：

　　一是强调科学用药。全书采用一大批确有实效的新杀虫杀菌剂、植物生长剂、复配剂，指导性强，效果好。推荐使用的农药种类均通过"中国农药信息网"核对，给出农药使用种类和剂型。针对部分蔬菜病虫害没有登记用药的情况，推荐使用其他方法进行防治。切实体现了"预防为主，综合防治"的绿色植保方针。

　　二是采用最新的现代技术防治蔬菜病虫害，包括商品化的抗病品种的推广，生物菌剂如枯草芽孢杆菌、生防菌的应用等，提倡生物农药结合化学农药共同防治病虫害，降低抗药性产生的同时，还可以降低农药残留，提高防治效果。

编者

2024 年 2 月

我国是世界最大的蔬菜（含瓜类）生产国和消费国。据 FAO 统计，2008 年中国蔬菜（含瓜类）收获面积 2408 万公顷 ($1hm^2=10^4m^2$)，总产量 4.577 亿吨，分占世界总量的 44.5% 和 50%。2010 年全国西瓜、甜瓜播种面积 $220.58hm^2$，总产量 8044.8 万吨。据我国农业部统计，2008 年全国蔬菜和瓜类人均占有量 503.9kg，对提高人民生活水平做出了贡献。该项产业产值达到 10730 多亿元，占种植业总产值的 38.1%；净产值 8529.83 多亿元，对全国农民人均纯收入的贡献额为 1182.48 元，占 24.84%，促进了农村经济发展与农民增收。

蔬菜病虫害是蔬菜生产中的主要生物灾害，无论是传染性病害或生理病害或害虫的为害，均直接影响蔬菜产品的产量和质量。据估算，如果没有植物保护系统的支撑，我国常年因病虫害造成的蔬菜损失率在 30% 以上，高于其他作物。此外，在防治病虫过程中不合理使用化学农药等，已成为污染生态环境、影响国民食用安全、制约我国蔬菜产业发展和出口创汇的重要问题。

本套丛书在四年前出版的《中国现代蔬菜病虫原色图鉴》的基础上，保持原图鉴的框架，增补病理和生理病害百余种，结合中国现代蔬菜生产的新特点，从五个方面加强和创新。一是育苗的革命。淘汰了几百年一直沿用的传统育苗法，采用了工厂化穴盘育苗，定植时进行药剂蘸根，不仅可防治苗期立枯病、猝倒病，还可有效地防治枯萎病、根腐病、黄萎病、根结线虫病等多种土传病害和地下害虫。二是蔬菜作为人们天天需要的副食品，集安全性、优质、营养于一体的无公害蔬菜受到每一个人的重视。随着人们对绿色食品需求不断增加，生物农药前景十分看好，在丛书中重点介绍了用我国"十一五"期间"863 计划"中大项目筛选的枯草芽孢杆菌 BAB-1 菌株防治灰霉病、叶霉病、白粉病。现在以农用抗生素为代表的中生菌素、春雷霉素、申嗪霉素、乙蒜素、井冈霉素、高效链霉素（桂林产）、新植霉素、阿维菌素等一大批生物农药应用成效显著。三是当前蔬菜生产上还离不开使用无公害的化学农药！如何做到科学合理使用农药至关重要！丛书采用了近年对我国山东、河北等蔬菜主产区的瓜类、茄果类蔬菜主要气传病害抗药性监测结果，提出了相应的防控对策，指导生产上科学用药。本书中停用了已经产生抗性的杀虫杀菌剂，全书启用了一大批确有实效的低毒的新杀虫杀菌剂及一大批成功的复配剂，指导性强，效果相当好。为我国当前生产无公害蔬菜防病灭虫所急需。四是科学性强，靠得住。我们找到一个病害时必须查出病原，经过鉴定才写在书上。五是蔬菜区域化布局进一步优化，随种植结构变化，变换防治方法。如采用轮作防治枯黄萎病，采用物理机械防治法防治一些病虫。如把黄色黏胶板放在棚室中，可诱杀有翅蚜虫、斑潜蝇、白粉虱等成虫。用蓝板可诱杀蓟马等。

本丛书始终把生产无公害蔬菜（绿色蔬菜）作为产业开发的突破口，有利于全国蔬菜质量水平不断提高。近年气候异常等温室效应不断给全国蔬菜生产带来复杂多变的新问题。本丛书针对制约我国蔬菜产业升级、农民关心的蔬菜病虫害无害化防控、国家主管部门关切和市场需求的蔬菜质量安全等问题，进一步挖掘新技术，注重解决生产中存在的实际问题。本丛书内容从五个方面加强和创新，涵盖了蔬菜生产上所能遇到的大多数病虫害，包括不断出现的新病虫害。本丛书 9 册介绍了 176 种现代蔬菜病虫害千余种，彩图 2800 幅和 400 多幅病原图，文字 200 万，形式上图文并茂、科学性、实用性、通俗性强，既有传统的防治法，也挖掘了许多现代的防治技术和方法，是一套紧贴全国蔬菜生产，体现现代蔬菜生产技术的重要参考书。可作为中国进入 21 世纪诊断、防治病虫害指南，可供全国新建立的家庭农场、蔬菜专业合作社、全国各地农家书屋、广大菜家、农口各有关单位参考。

本丛书出版之际，邀请了中国农业科学院植物保护研究所赵廷昌研究员对全书细菌病害拉丁文学名进行了订正。对蔬菜新病害引用了李宝聚博士、李林、李惠明、石宝才等同行的研究成果和《北方蔬菜报》介绍的经验。对蔬菜叶斑病的命名采用了李宝聚建议，以利全国尽快统一，在此一并致谢。

由于防治病虫害涉及面广，技术性强，限于笔者水平，不妥之处在所难免，敬望专家、广大菜农批评指正。

编者

2013 年 6 月

四年前出版的"现代蔬菜病虫害防治丛书"深受读者喜爱，于短期内售罄。应读者要求，现对第一版图书进行修订再版。第二版与第一版相比，主要在以下几方面做了修改、调整。

1. 根据读者的主要需求和病虫害为害情况，将原来9个分册中的5个进行了修订，分别是《茄果类蔬菜病虫害诊治原色图鉴》《绿叶类蔬菜病虫害诊治原色图鉴》《葱姜蒜薯芋类蔬菜病虫害诊治原色图鉴》《瓜类蔬菜病虫害诊治原色图鉴》《西瓜甜瓜病虫害诊治原色图鉴》。

2. 每个分册均围绕安全、绿色防控的原则，针对近年来新发多发的病虫害，增补了相关内容。首先在防治方法方面，重点增补了近年来我国经过筛选的、推广应用的生物农药及新技术、新方法，主要介绍无公害化学农药、生物防控、物理防控等；其次在病虫害方面，增加了一些新近影响较大的病虫害及生理性病害。

3. 对第一版内容的修改完善。对于第一版内容中表述欠妥的地方及需要改进的地方做了修改。比如一些病原菌物的归属问题根据最新的分类方法做了更正；一些图片替换成了清晰度更高、更能说明问题的电镜及症状图片；还有对读者和笔者在反复阅读第一版过程中发现的个别错误一并进行了修改。

希望新版图书的出版可以更好地解决农民朋友的实际问题，使本套丛书成为广大蔬菜种植人员的好帮手。

编者
2017年1月

目录

一、西瓜、小西瓜病害

二、甜瓜病害

三、西瓜、甜瓜虫害

附录　农药的稀释计算

参考文献

一、西瓜、小西瓜病害

西瓜　　学 名 *Citrullus lanatus* （Thunb）Mansfeld、*C. vulgaris* Schrad.，是葫芦科西瓜属中的栽培种，属一年生草本蔓性植物。各地均有栽培。

西瓜起源于非洲南部的卡拉哈里沙漠，分类方法有多种。按西瓜对气候的适应性分为新疆生态型、华北生态性、东亚生态型、俄罗斯生态型、美国生态型5种。近年国外一些品种进入我国，栽培面积不断扩大。

小西瓜　　重量3kg以下的西瓜称为小西瓜。近几年小西瓜更贴近大多数家庭的消费需要，具广阔的发展前途。一年可栽培多季，生产上多采用保护地进行早熟和秋延后栽培。西瓜、小西瓜主要病害如枯萎病、蔓枯病、疫病、绵腐病、细菌性角斑病、花叶病毒病、根结线虫病等发生普遍，危害严重。

西瓜、小西瓜腐霉 猝倒病和根腐病

生产上西瓜、小西瓜采用保护地进行早熟和秋延后等一年多季栽培，山东日光温室常在12月下旬播种，翌年2月初定植，塑料大棚栽培的在元月下旬至2月初播种，淮河以南大棚可在2月上、中旬播种，均易发生猝倒病。西瓜、小西瓜发病株率一般为15%～20%，严重的达50%左右。

无土育苗西瓜腐霉猝倒病

症状　　西瓜、小西瓜猝倒病是西瓜育苗中常发生的病害。幼苗遭受瓜果腐霉菌侵染后，初在幼苗接近地面处出现水渍状病斑，后来病斑迅速绕茎一周，变为褐色，病部软化，明显缢缩，病株容易突然倒伏死亡。病株除病部外，几乎与健壮植株无明显区别，在短期内仍然是绿色。终极腐霉、德巴利腐霉侵染幼苗后，也可引起西瓜、小西瓜终极腐霉或德巴利腐霉猝倒病，发病初期病苗茎基部呈水渍状，局部变成浅褐色，以后倒折死亡，根也变褐腐烂，华南西瓜栽培区多在4～5月多雨季节发生。近年山东、河北、北京、天津、四川、重庆、广西、海南等地出现腐霉菌为害成株引发根腐病严重，有的造成很大损失，定植后染病株茎基部产生水渍状病变，扩展到绕茎一周引起全株枯死，湿度大时有稀疏白毛。

病原　*Pythium aphanidermatum* （Eds.）Fitzp.（称瓜果腐霉）、*Pythium ultimum* Trow（称终极腐霉）和 *Pythium debaryanum* Hesse（称德巴利腐霉），均属假菌界卵菌门腐霉属。

传播途径和发病条件　三种腐霉均在土壤中腐生，西瓜播种后遇低温或放风不及时很易发生猝倒病。德巴利腐霉在高温高湿时发病重。

防治方法　①提倡采用营养钵或穴盘育苗。营养钵育苗要求营养土疏松、肥沃、无病菌、无杂草种子。一般以60%大田土或山坡土、20%腐熟农家肥、20%的细河沙，混合打碎过筛，加入0.2%的硫酸钾复合肥、0.1%噁霉灵、0.06%溴氰菊酯（敌杀死），加少量水充分混匀后堆置24h，即可装钵。播种前1天用54.5%噁霉·福可湿性粉剂800倍液浇透苗土，再把种子平放播于营养钵内。也可用2.5%咯菌腈悬浮剂10ml和68%精甲霜·锰锌水分散粒剂20g拌入100kg育苗土混匀后过筛，装营养钵或铺在育苗畦上。采用穴盘轻基质育苗时，选用4～5cm大孔径50～70孔的穴盘，每立方米基质里加入95%噁霉灵精品30g或54.5%噁霉·福可湿性粉剂10g，均匀混合，可有效防治苗期猝倒病。也可选用带有防治猝倒病药剂的压缩型基质育苗营养钵。②发病初期喷淋30%噁霉灵水剂800倍液或2.5%咯菌腈悬浮种衣剂1000倍液或2.1%丁子·香芹酚水剂600倍液或防治1～2次。③有报道使用1g/kg几丁聚糖对猝倒病防效达到80.21%。④辣根素（异硫氰酸烯丙酯）是从辣椒中提取的，商品名叫安可拉。可用来防治西瓜、甜瓜等多种瓜类的猝倒病、立枯病，可在育苗时用辣根素颗粒剂，每平方米用量为20～27g，每个阳畦10m²左右，按阳畦实际面积计算，混匀后用塑料膜盖严闷12～24h，安全有效。

西瓜、小西瓜立枯病

症状　西瓜、小西瓜立枯病多发生于床温较高的苗床或育苗的中后期。患病幼苗茎部产生椭圆形暗褐色病斑，早期病苗白天萎蔫，早晚恢复，病部逐渐凹陷，扩大绕茎一周，并缢缩干枯，最后植株枯死。由于病苗大多直立而枯死，故称为立枯。发病轻的幼苗仅在茎基部形成褐色病斑，幼苗生长不良，但不枯死。在潮湿条件下，病部常有淡褐色蛛丝网状霉，但不显著。近年江苏一带西瓜于8月15日之前播种，出苗后立枯病发生重，应注意防治。

病原　*Rhizoctonia solani* Kühn AG-4，称立枯丝核菌AG-4菌丝融合群，属真菌界担子菌门无性型丝核菌属，有性型属担子菌门瓜亡革菌属。

传播途径和发病条件　立枯丝核菌AG-4菌丝融合群以菌丝体或菌核在土中越冬，且可在土中腐生2～3年。菌丝能直接侵入寄主，通过水流、农具传播。病菌发育适温24℃，最高40～42℃，最低

13 ～ 15℃，适宜 pH 值 3 ～ 9.5。播种过密、间苗不及时、温度过高易诱发本病。病菌除为害西瓜、甜瓜外，还可侵染黄瓜、玉米、豆类、白菜、油菜、甘蓝等。

小西瓜立枯病茎基部病斑放大

防治方法　①小西瓜选用华蜜掌中宝、华蜜小精灵、红小玉、黄小玉、特小凤、早春红玉、黑美人、京秀、喜春、嘉华、秀丽等优良品种。西瓜可选用郑杂 5 号、7 号、9 号、齐红、皖杂 1 号、3 号、浙蜜 1 号、丰收 3 号、丰乐新红宝、粤优 2 号、西农 8 号、聚玉 3 号、黑蜜 2 号等。②提倡采用营养钵或穴盘育苗。营养土要经过堆制腐熟后才能使用。在早春或严冬季节育苗的，应选用双棚加电热线育苗，每平方米保证 80 ～ 100W 的功率。播前种子要晾晒，可提高种子发芽率。小西瓜种子小，千粒重 30 ～ 40g，种皮较薄，浸种时间不宜过长，一般可用 55℃温水烫种，自然冷却浸 2 ～ 3h 后，洗净种子表面黏液，并擦干水。也可选用 30% 苯醚甲·丙环乳油 2000 倍液，浸西瓜种子 6h，冲净催芽播

种。也可用 54.5% 噁霉·福可湿性粉剂 700 倍液或 2.5% 咯菌腈悬浮种衣剂 1000 倍液浇灌植株茎基部，可有效地防治西瓜立枯病，兼治猝倒病，持效期长。③西瓜种子包衣。用 2.5% 咯菌腈悬浮种衣剂 10ml 加 35% 甲霜灵 2ml 对水 180ml 包衣 4kg 种子或用 0.3% ～ 0.5% 的种衣剂 9 号或 10 号进行包衣，可有效地防治立枯病，还可兼治猝倒病和炭疽病。春播西瓜病害单发区，可选用种衣剂 9 号；夏播的西瓜病虫害混发时，可选用种衣剂 10 号，不仅可有效防治苗期病害，还可兼治地下害虫。④培育壮苗。西瓜出苗适宜土温为 20 ～ 25℃，出苗后白天温度控制在 25 ～ 30℃，夜间 15 ～ 16℃，定植前 5 天开始降温炼苗。西瓜苗在 3 片真叶以后，如果秧苗拥挤，夜间高温和床土过湿，很易徒长，应注意及时排稀，拉开苗钵间距，使秧苗充分受光，夜温保持在 15℃以下，床土不宜过湿，以秧苗中午不萎蔫为准。若苗床需浇水，应以晴天上午 10 时至 12 时为宜，浇水后应放风降湿，可预防西瓜、小西瓜幼苗立枯病的发生。

西瓜、小西瓜沤根

症状　幼苗出土后长期不发新根。幼根外皮锈褐色，逐渐腐烂，茎叶生长受到抑制，叶片逐渐发黄，不发新叶，病苗很容易从土中拔出，严重时病株萎蔫枯死。幼苗和成株沤根属生理性病害，主要是由于冬春雨雪

或阴雨天气较多，光照严重不足，苗床或植地地温低，湿度大，幼苗呼吸作用受阻，吸水能力降低造成的。

病因　西瓜、小西瓜均可多季栽培，如小西瓜日光温室12月下旬播种，翌年2月初定植，4月下旬采收；或塑料大棚栽培的在元月下旬至2月初播种，于2月下旬至3月初定植，5月中旬上市。淮河以南2月上、中旬播种，3月中旬定植，5月中、下旬采收。这些小西瓜都是抢早栽培的，此间地温低，寒流侵袭频繁，放风不及时或放风量不够，地温低于12℃，持续时间长，就会发生沤根。沤根持续时间长，当茄病镰孢侵染根以后，就会转化成真菌引起的镰孢根腐病。

小西瓜沤根

防治方法　①选用耐低温、耐湿性强、适合保护地栽培的西瓜、小西瓜品种，如京欣1号、新优2号、西农8号等大西瓜和早春红玉、拿比特、黄福、天黄、红小玉、黄小玉、丽春等小西瓜。②降低土壤湿度，提高地温，是减轻西瓜幼苗沤根的根本性措施。③西瓜、小西瓜出苗后

至露心前，白天温度以20～28℃为宜，尽可能让幼苗多见阳光，夜温保持15℃以上。棚外气温回升后，白天要注意放风，避免棚温过高，控制在30～32℃即可。棚内湿度大时，要通风散湿，阴雨天既要闷棚保温，又要防止棚内湿度过大，防止沤根发生。④无论是日光温室还是塑料大棚种植西瓜，地温均应高于12℃，以利西瓜正常生长发育。⑤发病初期喷洒植物动力2003营养液或甲壳素1000倍液。

早春西瓜抢早防沤根等生理病

山东昌乐等地拱棚茬口早春种西瓜，秋茬种辣椒、茄子等，秋茬拱棚拔园后，就着手早春茬西瓜的定植前准备，早春茬拱棚西瓜多在1月底到2月份定植，采取5～7层膜覆盖，有的还上薄草苦防寒保温，在立春前定植使西瓜提早上市，最早的可在4月中、下旬上市，直至5月底。西瓜喜温，早春拱棚定植期间仍处在低温季节或立春前后气温低，地温更低，冻土层仍然深厚，不利于西瓜定植后的正常生长发育。要想让西瓜迅速缓苗，快速进入生长阶段，获得高产并非易事，一定要做好定植前的准备及定植安排。李跃总结的经验如下。①上茬拔园清理棚室后，立即向田中撒施有机肥（主要是稻壳、鸡粪、鸭粪），每667m²施5～8m³复合肥（硫酸钾复合肥50kg，钙镁磷肥50kg，硫酸钾30kg，硫酸锌、硫

酸铁各 3 ～ 5kg，硼砂 1kg），然后深翻，把肥料均匀翻入土壤中。准备冻棚，冻棚前要撤下棚膜，同时浇一大水并渗至土壤深层，加强冻棚杀菌效果。等上好新棚膜，开始闭棚提温，并沟施根威等生物菌肥，促有机肥二次发酵，防止肥料未腐熟造成烧根死苗。注意增加土壤中的有益菌，抑制有害菌，减少土传病害。②提早扣棚提温，定植时先浇水提地温。西瓜定植时要求 10cm 土层温度达到 14℃以上，最低气温在 10℃以上。定植前必须提前 1 个月扣棚提温，传统做法是定植后浇水，缺点是容易使地温长期保持在较低温度，易沤根，现改为先浇水后定植，一般定植前 15 天先浇 1 次水，闭棚提温，这样既能增加土壤中的水分，又可防止定植时再浇大水。③提前低温炼苗，培育壮苗。嫁接苗成活后定植前进行低温炼苗特别重要，在定植前 10 天，育苗棚加大放风，早揭晚放草苫子，逐步降低棚内温度，白天控制在 20 ～ 23℃，夜间由 15 ～ 18℃降至 10 ～ 12℃，提高幼苗抗逆性。生产上可在定植前 1 ～ 2 天把西瓜苗穴盘放在定植拱棚中，使瓜苗更加适应。④定植时先配好 32.5% 苯甲·嘧菌酯悬浮剂 1500 倍液或激抗菌 968 苗宝 1000 倍液，或 70% 噁霉灵可湿性粉剂 1500 倍液混甲壳素 1000 倍液，取配好的药肥液 15kg，放入容器中，再把穴盘整个浸入药肥液中，把根部蘸湿，把取出的幼苗放入定植穴，覆土，以育苗基质露出地表为准，封穴后用水瓢进行单棵浇水，防止地温降低。⑤立春前后定植的西瓜，至少需保持 6 ～ 7 层膜覆盖，才能解决低温难题，一般拱棚骨架上设置 3 层膜，即棚膜、二膜、三膜，最外层裸露在拱棚外。棚膜透光性、消雾性、去滴性一定要好，在棚膜以下 20cm 处设二膜，二膜以下 20 ～ 30cm 再设三膜。二膜、三膜防雾流滴性要好，防止因滴水、生雾起到反作用。三膜下使用竹劈或钢丝撑起的小拱棚，可设置 2 ～ 3 层，再加上覆盖地膜，一共 6 ～ 7 层膜。一定要使用合格产品。只有这样才能保证西瓜正常生长。此外，还有一种"四膜二苫"法。四膜：在棚膜下方 20 ～ 30cm 加一层薄膜，也就是二膜；在种植畦内撑起小拱棚为三膜，覆盖地膜为四膜。二苫：一苫指在棚内小拱棚上覆盖的草苫；二苫指在拱棚两侧固定的废旧草苫或非织造布。外层草苫或非织造布必须用铁丝固定，防止风雪袭击刮走。这种覆盖法棚温可提高 5℃。⑥加强管理，争取早上市。西瓜多在 12 片叶时结第 1 个瓜，15 片叶出现第 2 个瓜，18 片叶出现第 3 个瓜，有的长到 16 个叶才出现第 1 个瓜，这是出现了徒长。原因之一是浇水过多，从定植到授粉只需浇 2 ～ 3 水，到采收共 4 ～ 6 水，控旺通过盘蔓进行，当瓜蔓长到 1m 时，把茎蔓回托，围绕瓜株基部盘 1 圈，大小 25cm，可抑制长势，也可进行压蔓，于开花前在雌花至根端的蔓上轻压，可使叶片制造的营养向果实运输；雌花到龙头部分进行重压，防止养分流向生长点，能控制旺长。也可施用助壮素、矮壮素控制旺长。西瓜膨大期应随水冲施硫酸钾，每 $667m^2$ 用 10～15kg。

西瓜、小西瓜徒长

症状　苗期至坐果前瓜秧的节间伸长，叶柄、叶身变长，叶色变浅或呈淡绿色，叶片变薄，组织柔嫩，坐果时表现为茎粗叶大，叶色浓绿，生长点翘起，难于坐果。

病因　一是大棚内温度过高，光照不足，土壤空气湿度高。二是氮素肥料过多，使茎叶的营养生长和生殖生长失调，造成坐瓜困难。

西瓜徒长（谢永强）

防治方法　①按配方施肥控制基肥施用量，前期少施氮肥，注意磷、钾肥的配合。②苗床育苗或大棚定植后温度要分段管理，适时通风散湿，增加光照，避免棚温过高，降低夜温。③对已经徒长的瓜株，可通过适当整枝、打顶抑制其营养生长，如大面积徒长，则应采取去强留弱或部分断根等技术，以有效控制营养生长，并在西瓜 4～5 节时喷施翠健花力 1000 倍液＋翠健硼力 2000 倍液，可促进提前开花坐果，也可进行人工辅助授粉，促进坐果。④适时追肥，防止脱肥，当 70% 西瓜鸡蛋大小时及时浇膨瓜水，施膨瓜肥，注意少施氮肥，增施磷钾肥，可有效控制徒长。

西瓜、小西瓜黑点根腐病

西瓜、小西瓜黑点根腐病又称倒秧、突然枯萎病，造成的损失率为 10%～25%，个别可达 100%，是瓜类生产中新兴的病害。

症状　参见薄皮甜瓜、厚皮甜瓜黑点根腐病。瓜株在采收前 2 周突然凋萎，植株逐渐黄化、焦枯。病株根部可见主根和侧根上产生不连续的坏疽斑或小黑点，即病原菌的子囊壳。

病原　*Monosporascus cannonballus* Pollack & Uecker，称坎诺单胞菌，属真菌界子囊菌门。在 PDA 平板 25～30℃培养菌落渐呈浅褐色至灰褐色，培养 20 天始见子囊壳，经 30～60 天散生的子囊壳成熟；初白色后呈黑色，成熟的子囊壳中产生上百个子囊，每个子囊中仅生 1 个子囊孢子，子囊孢子球形，初无色至浅褐色，成熟时深褐色至黑色，大小 28.6～44.8μm。除危害西瓜外，还危害甜瓜、胡瓜、越瓜、冬瓜、蒲瓜、丝瓜、南瓜、苦瓜等瓜类，且对辣椒、甜椒、茄子、番茄也有致病性，还可在豆类、小麦、玉米、高粱和甜菜上定植。

传播途径和发病条件　一棵成熟的病株根系可产生大约 40 万个子囊孢子，这些孢子落入 $0.03m^3$ 的土中，相当于每克土壤含有 10 个子囊孢子，每克土含有 2 个就有可能侵入寄主，引起根腐病。全球气候变化、瓜类地膜覆盖及感病品种的种植、茬次的频繁增加，都可能造成该病的严重危害。

防治方法　①大棚或露地种植西瓜、小西瓜的，提倡施用平衡型全水溶性肥料和生物肥。②无土栽培时，注意及时更换营养液，防止病原菌积累。③选择黄金瓜等耐湿品种。④用平衡型水溶肥配成 1000 倍液浇施，也可配施甲壳素、氨基酸等。

西瓜、小西瓜腐霉根腐病

症状　德里腐霉侵染幼株或成株西瓜、小西瓜时，最早的侵染多发生在土表或土壤里面，菌丝体直接侵入茎表皮和角质层细胞，破坏细胞壁，初呈水渍状，后在侵染点附近扩展呈褐色，产生小的坏死斑。德里腐霉侵染西瓜、小西瓜引起的根腐病，多发生在秋延后栽培的西瓜、小西瓜上。7 月中、下旬播种后，正值高温高湿的季节，易发病，茎基部上、下呈水渍状腐烂，持续时间长的病株枯萎。

小西瓜腐霉根腐病茎基部呈水渍状

小西瓜腐霉根腐病茎基部放大

病原　*Pythium deliense* Meurs，称德里腐霉，属假菌界卵菌门腐霉属。

病菌**形态特征**、**传播途径和发病条件**、**防治方法**参见西瓜、小西瓜疫霉根腐病。

西瓜、小西瓜疫霉根腐病

症状　秋延后或春茬保护地西瓜、小西瓜出苗后至伸蔓期和开花坐瓜期，遇有气温 26～29℃，高湿持续时间长，常引发疫霉根腐病。受害西瓜、小西瓜多数小根死亡，大根往往生褐色坏死枯斑，严重时幼嫩植株整个根系腐烂，造成瓜株枯萎死亡。该病多发生在土面或土面下的根部。

小西瓜疫霉根腐病症状

小西瓜疫霉根腐病茎基部放大

病原 *Phytophthora drechsleri* Tucker，称掘氏疫霉，属假菌界卵菌门疫霉属，异名 *P.melonis* Katsura（称甜瓜疫霉）、*P.cryptogea* Pethybridge&Lafferty（称隐地疫霉）。

传播途径和发病条件 病菌以卵孢子和厚垣孢子或菌丝体在病株的根及土壤内越冬，春季卵孢子和厚垣孢子萌发产生游动孢子。菌丝体继续生长产生游动孢子囊并释放出游动孢子，游动孢子在土壤水内到处游动，当接触到感病的西瓜、小西瓜根部时，湿度高利于菌丝体、游动孢子大量产生，传到更多的瓜株上，干旱或寒冷的天气病菌以卵孢子、厚垣孢子或菌丝存活，当土壤潮湿，温度适宜时开始再次侵染。生产上低洼、排水不良的棚室易发病，黏重、浇水过多则发病重。

防治方法 大棚秋茬、节能日光温室秋冬茬需注意防治疫霉根腐病。①秋西瓜不要播种过早，定植后下部茎出现水渍状时要及时把根部地膜扒开，使表土散湿。生产上定植过早或定植后气温过高，要适当晚覆膜，防止低温高湿和高温高湿条件出现。②西瓜定植时先把 722g/L 霜霉威水剂 700 倍液配好，放在此穴盘大的长方形容器中 15kg，再将穴盘整个浸入药液中，把根蘸湿即可。③西瓜、小西瓜定植后 3～4 片真叶期浇灌 72.2% 霜霉威水溶性液剂 500 倍液，只用 1 次，防止瓜苗老化。也可喷洒 72% 霜脲·锰锌可湿性粉剂 600 倍液或 50% 锰锌·乙铝可湿性粉剂 500 倍液、70% 噁霉灵可湿性粉剂 1500 倍液、44% 精甲·百菌清悬浮剂 800 倍液、687.5g/L 氟菌·霜霉威悬浮剂 700 倍液，浇水时加 1000 倍甲壳素、氨基酸等，隔 10 天左右 1 次，防治 2～3 次。

西瓜、小西瓜镰孢根腐病

症状 主要危害西瓜、小西瓜地表以下的根和根茎部。初发病时病根呈水渍状，后变成黄褐色坏死腐烂，湿度大时病根茎表面产生少量白色霉层或霉丛，检视根部腐烂部位可见维管束变褐，但不向上扩展，有别于西瓜枯萎病。持续十几天后病部缢缩，植株或幼苗叶片由下向上逐渐变黄萎蔫而死。后期病根腐朽，只剩下丝状维管束组织。该病侵染地表以下根部，病程缓慢。

尖孢镰刀菌根腐病 接菌后3～5叶期陆续开始发病，初仅在中午出现萎蔫，早晚恢复，后逐渐发展为全株叶片柔软下垂，致叶片和茎干枯。拔出病根，外表症状不明显，但剖开根后，可见维管束中有褐变或出现褐色条纹状病变。

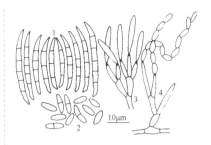

西瓜镰孢根腐病菌（串珠镰孢）
1—大型分生孢子；2—小型分生孢子；
3、4—产孢细胞

小西瓜镰孢根腐病病株

小西瓜镰孢根腐病根部症状

病原 *Fusarium solani*（Mart.）Sacc，称茄病镰孢；浙江省西瓜根腐病菌主要有 *Fusarium moniliforme* Sheld.（称串珠镰孢）和 *Fusarium oxysporum* Schlecht.（称尖孢镰刀菌），均属真菌界子囊菌门镰刀菌属。

传播途径和发病条件 病原菌以厚垣孢子或菌丝体在土壤中及病残体上越冬。厚垣孢子在土壤中可存活5～10年，是引发该病的主要初侵染源。病菌从根部伤口侵入，发病后病根上又产生大量分生孢子，借雨水溅射或灌溉水传播蔓延，进行多次重复侵染。高温高湿、土壤黏重、雨后湿气滞留易发病。

防治方法 ①发病重的地区提倡与百合科或十字花科蔬菜进行3年以上轮作。②可在扣棚后提高地温，同时进行土壤消毒，在定植的地方开沟浇施氰氨化钙后埋土即可，每667m² 穴施5kg。③育苗期浇灌1次70%噁霉灵可湿性粉剂1500倍液，培育无病苗。④定植时首先浇灌1次定植药水，然后从定植后1～1.5个月或坐瓜初期开始浇灌药液，每株灌300ml，15天左右1次，连灌2～3次，提倡用2.5%咯菌腈悬浮剂1000倍液混50%多菌灵500倍液，或72.2%霜霉威水剂700倍液混70%噁霉灵可湿性粉剂1500倍液灌根，每株灌300ml。

西瓜、小西瓜枯萎病

西瓜、小西瓜枯萎病是西瓜生产上的毁灭性病害。近年来随着市场对西瓜需求量的增长，西瓜种植面积逐年扩大，传统的轮作防病措施难于推行，造成西瓜枯萎病日趋严重，据北京市植物保护站在京郊调查病株率为10%～20%，重者达80%～90%，重茬地甚至绝产。

症状　西瓜整个生育期均可遭受枯萎病危害，苗期较轻，开花结瓜期变得严重，田间常见症状有3种类型。①猝倒型：发生在苗期，受害瓜苗子叶失水，萎蔫下垂，茎基部缢缩变褐，最后猝倒枯死。②侏儒型：发生在团棵伸蔓期，病株生长缓慢，蔓细、节间短、瘦小，叶片发黄，边缘向上卷曲，呈畸形小老苗；有的病株直立状，根稀少发黄，维管束变褐，最后枯死。③萎蔫型：多发生在结瓜期，是西瓜枯萎病的典型症状，按其表现形式分全株枯萎；或同一株上，有的蔓枯萎，有的蔓正常；或同一条蔓上有的端部枯死，另一部分却正常。上述3种类型发病初期叶片卷曲，后下垂，根茎表皮粗糙，维管束变褐，有时从病部溢出深褐色胶质物，最后摊作一堆枯萎而死。

病原　*Fusarium oxysporum* Schl. f. sp. *niveum*（E. F. Smith）Snyder et Hansen，称尖孢镰孢西瓜专化型，属真菌界子囊菌门镰刀菌属。主要侵染西瓜、甜瓜，也能侵染黄瓜，不侵染南瓜、冬瓜、丝瓜、西葫芦和葫芦。

该菌萌发适温24～32℃，28℃为最适，菌丝发育温限为4～38℃，28℃最适。病菌侵染温限为4～34℃，以24～27℃较适宜。此菌抗高温，经1年培养的病菌于50℃的湿热条件下经20min尚能存活；该菌对低温适应性也很强，−10℃经10天尚未死亡。病菌还耐水淹，耐pH值2.3～9，最适pH值4.5～5.8。

小西瓜枯萎病发病初期萎蔫状

大西瓜枯萎病中期植株萎蔫干枯

小西瓜枯萎病田间病株

西瓜枯萎病病蔓横剖面症状

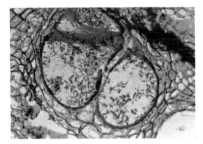

西瓜枯萎病后期导管被镰刀菌堵满

小西瓜枯萎病病茎基部出现纵裂

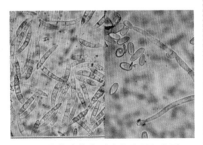

西瓜枯萎病菌大型分生孢子和小型
分生孢子（李明远）

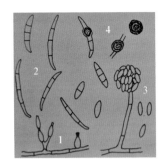

西瓜枯萎病菌（仿郑建秋）
1—分生孢子梗；2—大型分生孢子；3—小
型分生孢子及分生孢子梗；4—厚垣孢子

传播途径和发病条件　主要以菌丝体、厚垣孢子和小菌核在土壤、病残体及未经腐熟的带菌肥料中越冬，成为翌年枯萎病的主要初侵染源。土壤中的病菌在离开寄主情况下仍可存活 5～6 年，厚垣孢子和菌核通过牲畜的消化道后仍能存活，因此厩肥也可带菌。西瓜病蔓 100% 带菌，病菌通过导管从病茎传到果梗后进入果实，随病果实腐烂，再扩展到种子上，造成西瓜种子带菌。生产上播种带菌的种子，出苗后即染病。

提倡采用穴盘药剂蘸根防治枯萎病、
根腐病等土传病害

据在同一地块连作 4 年西瓜的发病情况调查，连作重茬瓜易发生枯萎病，并随着连作年限延长，病害逐年加重。说明西瓜枯萎病菌在土壤中逐年积累，土中菌量与西瓜病情呈正相关。西瓜病株经自然干燥过冬，翌年进行分离培养，均可分离出枯萎病菌。由此可见，病残体中的病菌能顺利越冬，是翌年的重要侵染来源。抽样调查从种子销售处和瓜农购进的种子，都分离培养出枯萎病菌，说明种子带菌。

西瓜枯萎病菌主要是从西瓜须根侵入，逐渐向主根、下胚轴、子叶节和茎部扩展。病部表皮和维管束先变黄褐、深褐色，最后腐烂。病菌向上扩展，形成系统性连续发病现象。

试验表明，西瓜枯萎病发病规律除与病菌来源有关外，还与栽培管理方式、品种抗病性、雨水等因素有关。①西瓜枯萎病发病轻重与轮作年限直接相关。轮作年限越短，发病越重；轮作年限越长，发病越轻。连作重茬地死株率高，往往造成改种或毁种。②北京现有推广品种和品种圃 50 多个品种抗病性观察，除"京欣 1 号"外，没有发现免疫和高抗的品种。"京欣 1 号"在同一地块经 3 年连年试种，生长良好，年年丰收，而其他品种如新红宝、丰 2、无籽等西瓜抗性差，不宜重茬种植。③据调查，西瓜枯萎病的发生发展与降雨或浇水有密切关系，往往在大暴雨或大水漫灌之后枯萎病大发生或流行成灾。

防治方法　保护无病新区，防止该病传入；消灭零星病区，防止病害蔓延；控制重病区，抑制病害发生。根据上述划分的病区，具体综合防治措施如下。①无病新区，采用种子消毒、无菌土培育壮苗、施腐熟肥等方法，预防病害传入。西瓜种子用 95% 噁霉灵精品 2000 倍液拌种后马上播种，不要闷种以免产生药害。②零星发病区，选用抗病品种，培育壮苗，实行轮作、间作，进行药剂预防，发现病株及时拔除销毁，防止病菌扩展蔓延。西瓜选用大果型京欣 2 号、京欣 3 号、西农 10 号、早花香、郑抗 2 号、金星等。小西瓜抗病品种有黄皮京欣 1 号、京秀、早春红玉、黑美人、安生 3 号、黑蜜 2 号等。采用南瓜砧木进行嫁接，可减少枯萎病危害。可选用南砧 1 号、超平 F_1、新土左、野西瓜砧、京欣砧 1 号等。③重病区保护地栽植小西瓜时，提倡采用消毒处理土壤的方法，即在春夏之交的空茬时间，选天气晴朗、气温高、阳光充足的季节，把保护地的土壤深翻 30～40cm 深，每 667m² 撒入 2～3cm 长的碎稻草或麦秸 300～400kg，并施入 50% 氰氨化钙颗粒剂 50～100kg，再耕翻使其与土壤均匀混合，适量浇水，土壤湿透后，盖上优质塑料薄膜，四周盖严并压实，闭棚升温持续 10～30 天，可有效地防治枯萎病、菌核病、根结线虫病、软腐病、各种叶螨和多种杂草。北京测试结果表明，利用日光消毒土壤后，5～25cm 土层温度 26℃，最高 39 ～ 50℃，平均 35.6℃，虽未达到致死温度，但只要持续时间长，就能达到防治土传病害的目的。但需注意土壤经高温消毒后，大部分土壤微生物被杀灭，一旦有新的有害微生物侵入，就会成为新的优势种群。④提倡用威百亩进行日光消毒，方法是选择夏天天气最热、光照最好的一段时间，先把上茬作物消除干净。把土壤整平后，在翻地前 3 天灌水，使土壤充分湿润，以能进行旋耕翻地，土壤湿度在 30% ～ 50% 较好。用旋耕机深翻 20cm 左右，最好用深耕犁翻 30 ～ 40cm。在深翻完的土地上开沟，采用人工开沟法，也可用自动施药机械开沟施药，每 667m² 施入 42% 威百亩水剂 25 ～ 40kg 对水 500kg，施完后随即盖土，土不要压太实。遇有 1h 后下雨或大风天，可暂不施药。覆土后及时盖膜，可用透明地膜或旧棚膜，边覆土边盖膜，要求盖严，密闭 10 天，如遇阴天可延长密封时间，使棚内温度迅速上升，增强消毒效果。消毒完成后揭膜，晾晒 10 天后做畦、播种或定植。此方法可用于防治枯萎病、根腐病。还可防治猝倒病、立枯病、黄萎病、疫病、细菌性枯萎病、根结线虫病及地下害虫。⑤重病区无论是大西瓜还是小西瓜，全面实行西瓜嫁接换根种植，实行全地膜覆盖或改进压蔓方式，控制病害发生。采用嫁接方法防治西瓜枯萎病，选用台湾农友种苗公司的"勇士"和河南郑州果树所的"超丰 1 号"及南砧 1 号、新土左、西瓜砧及京欣砧 1 号等，嫁接方法可采用插接、劈接、靠接三种。选用插接和劈接法的，砧木可比接穗西瓜提前 5 ～ 7 天播种；采用靠接法的，砧木可与西瓜同时播种或晚播 3 ～ 5 天。嫁接后白天温度在 25 ～ 35℃，夜间 20 ～ 25℃，空气相对湿度高于 80%，并遮光，3 天后逐渐透光，1 周后管理恢复正常。采用靠接法的 15 天后要剪断西瓜的根。提倡采用高温闷棚 +50% 多菌灵 500 倍液灌根，防效可达 90% ～ 92%。⑥药剂蘸根。西瓜定植时先把 2.5% 咯菌腈悬浮剂 1200 倍液配好放入比育苗盘大的容器中 15kg，再将穴盘整个浸入药液中，把根蘸湿即可。⑦药剂灌根。发病初期单用 2.5% 咯菌腈悬浮剂 1000 倍液，或 2.5% 咯菌腈悬浮剂 1200 倍液混 50% 多菌灵可湿性粉剂 600 倍液或 2.5% 咯菌腈可溶剂 1000 倍液混 68% 精甲霜•锰锌可湿性粉剂 600 倍液或用 25% 氰烯菌酯悬浮剂 700 倍液灌根，对枯萎病防效高，还可兼治根腐病。此外，利用无致病性的尖孢镰刀菌西瓜专化型 1 号生理小种可诱导西瓜对尖孢镰刀菌西瓜专化型 2 号小种的抗性，当 2 号小种田间菌量为 750CFU/g 时，枯萎病发病期推迟 14 天，病株率低于 35%。对西瓜枯萎病的防治，日本主要采用嫁接，美国主要采用抗病品种。我国在发现 3 号生理小种之前，利用现有抗病品种基础上结合嫁接和种子化学处理同时解决土传和种传问题，采用化学和生物防治协同作战，结合农业防治等方式进行有效控制。噁霉灵与木霉菌结合施用，可提高防效，方法是每667m²用每克含1.5亿活孢子的木霉菌可湿性粉剂200～300g，加入噁霉灵667m²的用量后混合喷洒，防效可达70%。⑧提倡用辣根素（异硫氰酸烯丙酯），这是从辣椒中提取的，商品名叫安可拉，可用来防治瓜类蔬菜的枯萎病、根腐病等土传病害，剂型有颗粒剂，每平方米用药量为20～27g；20%的水乳剂，每667m²用量为4～6L，通过灌水、滴入土壤深层，密闭12～24h，也可在棚室保护地歇茬时用辣根素闷棚防治枯萎病、根腐病等土传病害，防效优异。

西瓜、小西瓜蔓枯病

症状　西瓜蔓枯病又叫黑腐病，俗称"流黄水病"，是西瓜的主要病害，主要危害叶片、茎蔓和果实。幼苗染病，常发生在子叶分杈处，初呈水渍状小点，后变褐色坏死、缢缩，病部产生黑色小粒点；成株叶片发病，初在叶片上产生近圆形至不规则形黑褐色病斑，大小2cm，不向上下扩展，后中央灰白色、边缘黑褐色微具轮纹，直径5～25mm，上生小黑点，即病原菌载孢体，严重时病部扩展至全叶变黑枯死，有时该病沿叶脉向下扩展，呈褐色水渍状坏死。茎蔓染病，初在茎节附近产生水渍状椭圆形小斑，后变成梭形或不规则形褐色坏死斑，造成幼茎失绿，似开水烫过并缢缩，病情严重的致全株枯死，从病部流出黄褐色黏液，也产

生很多黑色小粒点。果实染病，产生不规则形水渍状坏死斑，扩展迅速，后在病部长出很多黑色小粒点，即病原菌的分生孢子器或子囊壳。该病不为害根部和维管束，病斑上产生很多小黑点及分泌褐色胶质物，这是本病区别于炭疽病、枯萎病、疫病的主要特征。

病原　*Didymella bryoniae*（Auersw.）Rehm，称蔓枯亚隔壳，属真菌界子囊菌门亚隔孢壳属。无性型为 *Phoma cucurbitacearum*（Fr.）Sacc，称瓜茎点霉，属子囊菌门茎点霉属。子囊壳，球形，黑褐色，子囊孢子无色透明，双胞，梭形至椭圆形，大小13µm×5µm。分生孢子器生在表面，分生孢子长椭圆形，无色透明，两端钝圆，单胞或双胞，大小8µm×3µm。菌丝生长温度10～34℃，适温25～28℃，pH值4～10均可生长，最佳pH值5～8。

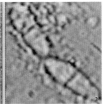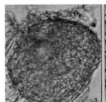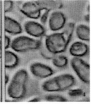

西瓜蔓枯病菌有性态（余文英）
1—假囊壳；2—子囊孢子；
3—分生孢子器；4—分生孢子

小西瓜蔓枯病病蔓症状

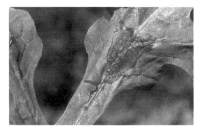

西瓜蔓枯病病斑深褐色，上生黑色小粒点

放大的西瓜蔓枯病病蔓上的
小黑点（分生孢子）

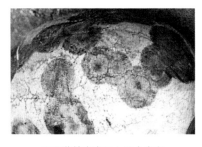

西瓜蔓枯病病瓜上的大病斑

传播途径和发病条件 病菌以分生孢子器或子囊壳在病残体上或土壤中越冬，种子也可带菌。翌年南方1～2月、北方晚些，条件适宜时产生孢子，通过气流或灌溉水传播，经伤口侵入引起苗期发病。病菌发育适温20～30℃，相对湿度高于85%利其发病。棚室栽培较露地发病重，关键原因就是棚室内湿度大，利于该病发生。西瓜生长期雨天多，施肥跟不上，光照不足，植株生长势差易诱发该病发生。生产上多雨的年份易流行成灾，严重的发病后10天左右毁园，造成惨重损失。

防治方法 ①选用抗病948、西农8号、京欣、新农宝、W23-18、郑抗、早冠农、中华英雄、西农双康等抗蔓枯病的品种。②种子用2.5%咯菌腈悬浮剂8ml对水100ml与1kg西瓜种子充分拌匀，晾干后播种。也可用种子重量0.4%的37%多·福·酮或50%异菌脲拌种。③与非瓜类作物进行2年以上轮作，前茬收获后及时清除病残体。④采用测土配方施肥技术，增施磷钾肥，提高抗病力。⑤发病前或发病初期喷洒或每667m^{2}浇灌21.4%氟吡菌酰胺·肟菌酯（露娜森）悬浮剂15～26ml或1500倍液；或42.8%氟吡菌酰胺·肟菌酯悬浮剂2500倍液、68.75%噁酮·锰锌水分散粒剂900倍液、55%硅唑·多菌灵可湿性粉剂1100倍液、60%吡唑醚菌酯·代森联水分散粒剂1500倍液、40%氟硅唑乳油4000倍液+65%代森锌可湿性粉剂 600 倍液，7 ～ 10 天 1 次，连防 2 ～ 3 次。对发病重的先用刀刮去腐烂的组织，再用 70% 甲基硫菌灵可湿性粉剂 50 倍液或 40% 氟硅唑乳油 100 倍液涂抹病部，可较好控制西瓜蔓枯病。⑥整蔓后该病易从留下的伤口或裂蔓伤口侵入，也可用上述杀菌剂中任一种对少量水拌成糊状涂抹在病部，防效达 90% 以上。

小西瓜幼苗炭疽病生长点下部的
不规则形病斑

西瓜、小西瓜炭疽病

症状　苗期至成株期均可发病，叶片和瓜蔓受害重。苗期子叶边缘现圆形至半圆形褐色或黑褐色病斑，外围常出现黄褐色晕圈，其上长有黑色小粒点或淡红色黏状物。近地表的茎基部变成黑褐色，且收缩变细致幼苗猝倒。真叶染病，初为圆形至纺锤形或不规则形水浸状斑点，有时现出轮纹，干燥时病斑易破碎穿孔，潮湿时，叶面生出粉红色黏稠物。叶柄或瓜蔓染病，初为水浸状淡黄色圆形斑点，稍凹陷，后变黑色，病斑环绕茎蔓后全株枯死。成熟果实染病，病斑多发生在暗绿色条纹上，在具条

小西瓜幼苗炭疽病茎上的椭圆形炭疽斑

西瓜病蔓上的梭形炭疽病病斑

小西瓜苗期炭疽病叶缘产生半圆形病斑

西瓜病叶上的炭疽斑有时出现轮纹

西瓜炭疽病病瓜上的炭疽斑

纹果实的淡色部位不发生或轻微发生。初呈水浸状凹陷形褐斑，凹陷处常龟裂，湿度大时病斑中部产生粉红色黏质物，严重的病斑连片瓜腐烂。未成熟西瓜染病，呈水渍状淡绿色圆形病斑，幼瓜畸形或脱落。该病有明显的潜伏侵染现象，有时买来的西瓜未见发病，但储存数日后，瓜上产生很多炭疽斑。

病原 *Colletotrichum orbiculare* Arx，称圆形炭疽菌，属真菌界子囊菌门炭疽菌属。有性态 *Glomerella lagenarium*，称葫芦小丛壳，属真菌界子囊菌门小丛壳属。自然条件下少见。

传播途径和发病条件 以菌丝体或拟菌核在土壤中的病残体上越冬。翌年，遇适宜条件产生分生孢子梗和分生孢子，落到植株或西瓜上发病。种子带菌可存活 2 年，播种带菌种子，出苗后子叶受侵。西瓜染病后，病部又产生大量分生孢子，借风雨及灌溉水传播，进行重复侵染。10～30℃均可发病，气温 20～24℃，相对湿度 90%～95% 适其发病。气温高于 28℃，湿度低

于 54%，发病轻或不发病。地势低洼、排水不良，或氮肥过多、通风不良、重茬地发病重。重病田或雨后收获的西瓜在储运过程中也发病。

防治方法 ①选用抗病品种。大西瓜抗病品种有齐欣 1 号、京欣 1 号、京欣 5 号、京欣 6 号、特抗 9 号、天宝 1 号、抗病苏蜜、西农 8 号、西农 10 号、湘西瓜 11 号、海农 6 号、新澄 1 号、新克、蜜桂等。目前生产用种抗 1 号、抗 3 号小种的较多，应注意选育抗 2 号小种的品种。小西瓜抗病品种有秀丽、无籽黄玉、湘育冰晶小型西瓜等。②选用无病种子或进行种子消毒。55℃温水浸种 15min 后冷却，或用 25% 嘧菌酯悬浮剂 1200 倍液浸种 6h，冲净催芽育苗或直播。或用 60% 多菌灵盐酸盐可溶粉剂 800 倍液浸种 1h，捞出后冲洗干净催芽，可防治苗期炭疽病。也可每 50kg 种子用 10% 咯菌腈种衣剂 50ml，先以 0.25～0.5kg 水稀释药液，然后均匀对瓜种包衣，晾干后播种。③与非瓜类作物实行 3 年以上轮作。④加强管理，采用配方施肥。施用酵素菌沤制的堆肥，选择沙质土，注意平整土地，防止积水，雨后及时排水，合理密植，及时清除田间杂草。⑤保护地栽培西瓜的，可采用烟雾法或粉尘法。保护地和露地在发病初期喷洒 32.5% 苯甲·嘧菌酯悬浮剂 1500 倍液混加 27.12% 碱式硫酸铜（铜高尚）水剂 500 倍液；或 75% 肟菌·戊唑醇水分散粒剂 3000 倍液、250g/L 吡唑醚菌酯乳油 1300 倍液、50% 咪

鲜胺锰盐可湿性粉剂 1500～2000 倍液、25% 嘧菌酯悬浮剂 1200 倍液、10% 己唑醇乳油 3500 倍液、40% 多·福·溴菌可湿性粉剂 500～750 倍液、42.8% 氟吡菌酰胺·肟菌酯悬浮剂 2500 倍液或 20% 抑霉唑水乳剂 800 倍液、38% 噁霜嘧酮菌酯 800 倍液，隔 7～10 天 1 次，连续防治 2～3 次。

西瓜、小西瓜流胶病

症状　与西瓜、小西瓜蔓枯病是一样的，流胶症状仅是蔓枯病的一个症状而已，只是菜农更加关注流胶现象。叶柄和茎部先呈油渍状，表皮有裂痕，有胶状物流出，干燥时胶状物变成赤褐色。后期枯死。

病原、传播途径、防治方法
参见本丛书《瓜类蔬菜病虫害诊治原色图鉴》分册中黄瓜、小黄瓜流胶病。

西瓜育苗中出现苗弱、子叶烂瓣、嫁接口水烂

现在想种西瓜的菜农很多，多请育苗厂代育，一棵西瓜苗接近 2 元，种植成本太高，菜农想自己育苗，常出现苗弱、子叶烂瓣、嫁接口以下水烂等问题。西瓜育苗技术含量高，只要认真学认真做没有解决不了的问题。嫁接技术过关了，就可以自己育苗了。嫁接防治枯萎病从砧木选择、培育嫁接用苗、嫁接、嫁接苗管理、嫁接苗定植等环节应注意以下问题。一是砧木，近几年使用的西瓜砧木都是"农友壮士"，与西瓜嫁接亲和性高，根系壮，抗病性强。二是播种前种子处理。砧木和接穗种子播前应进行热水浸泡、温水浸泡，温箱催芽，发芽后播种。三是确定合适的播期及培育健壮的适龄幼苗。采用靠接法或插接法。四是播种育苗的方法。①先在 50 穴或 72 穴的育苗盘中撒入备好的基质，用竹片把基质在盘上抹平，每穴正中央按 1 个小坑，喷水保湿，喷雾器中加入 800 倍霜霉威或 30% 噁霉灵，防止死苗。湿度以手握成团能散开为宜，将催芽后的种子播入小坑中，覆盖基质，再用竹片抹平。播种时催出的幼芽要朝下，横插在小坑的壁上，使幼芽不接触基质，防止幼芽折断。②播种深度 1cm，过厚出芽慢，过薄易带帽出土。③穴盘底部铺 1 层尼龙布，防止根系直接下扎至土壤中，可形成强大根群。④覆盖基质后，要马上覆盖薄膜保湿，一般 4～5 天后出芽，揭开薄膜，转入正常管理，增加棚内光照，通风散湿，白天控温 25～28℃，夜间控制在 15℃，拉大昼夜温差，培育壮苗，防其徒长。只要达到这个标准，就不会出现苗弱。西瓜定植时 10cm 地温达 14℃ 以上，先浇水，后定植。至于烂瓣是由苗期炭疽病引起的，应在发病前加强管理，喷 32.5% 苯甲·嘧菌酯 1500 倍液加铜高尚或 25% 咪鲜胺 750 倍液。至于嫁接口以下出现水烂是个大问题，是细菌引

起的，据观察是通过嫁接伤口侵入的，嫁接后湿度大易发病。五是防治方法。①提前处理砧木和接穗，通常砧木要比接穗早播1周，当接穗的两片子叶刚展开时嫁接，先给砧木去葫芦头，即长出的小真叶，只留两片平展的子叶，再给刚破土的接穗去帽（西瓜种皮），使子叶见光变绿变厚，嫁接时接穗不可过老，最好是苗高4～5cm，子叶刚展开，未出真叶时嫁接。②嫁接前后喷药防病。嫁接前1天对砧木苗及西瓜苗接穗先喷1遍百菌清750混农用高效链霉素3000倍液，上午10时前、下午3时后喷药。嫁接前用95%噁霉灵3000倍液混根佳500倍液或阿波罗963养根素1000倍液喷根。③嫁接前对穴盘、苗子、工具都要认真消毒。嫁接时把接穗斜插在砧木两子叶之间。一人持刀斜切接穗苗呈尖楔状，长约1cm，另1人持嫁接针在砧木两片子叶间穿孔后把接穗苗斜插进去，要求1次完成。嫁接完后，撑起小拱棚，白天控制在25～28℃，夜间15～18℃，湿度不可过大或过小，湿度过大子叶上有露珠，流滴到嫁接口处易发生水烂，造成死苗。过干不利于缓苗和伤口愈合。为了防止水烂，嫁接的整个过程必须在经过灭菌的接菌箱内或经紫外光灯灭菌的无菌室内进行无菌操作，嫁接后注意遮阴，防止接穗萎蔫，7天后嫁接苗成活，转入正常管理。对嫁接或育苗用的穴盘必须消毒，方法是用40%福尔马林100倍液浸泡苗盘15～20min，覆膜密闭

7天后，揭开用清水冲洗干净备用。对育苗温室消毒，用高锰酸钾+甲醛消毒法，每667m²育苗温室需要1.65kg高锰酸钾、1.65kg甲醛和8.4kg开水。把甲醛加入开水中，再加入高锰酸钾，产生烟雾反应，封闭温室48h消毒，气味散尽即可使用。上述工作做好了，嫁接口水烂也就不发生了。

西瓜、小西瓜花腐病

症状　西瓜花腐病主要发生在我国南方西瓜栽培区，尤其是西瓜结果期遇高温多雨年份发病重，对西瓜生产造成较大影响。主要危害幼果脐部的残花，引起花腐，进一步扩展时还常引起残花附近的幼果发病，呈水渍状软腐，严重的致全果腐烂，湿度大时病部长出灰白色棉毛状物和灰白色至黑褐色头状物，即病原菌的菌丝和孢囊梗及孢子囊。

小西瓜花腐病病花

病原　*Choanephora cucurbitarum*(Berk. et Rav.)Thaxt.，称瓜笋霉，属真菌界接合菌门笋霉属。

传播途径和发病条件　尚未完全明确，初步观察以菌丝体及接合孢子随病残体在土壤中越冬，翌年春季条件适宜时产生孢子囊和孢囊孢子，借风雨传播，侵染西瓜、甜瓜等多种植物，引起花、果腐烂，在病花、病果表面产生大量孢子囊和孢囊孢子，对西瓜花和果实进行多次重复侵染，致该病在田间不断扩展。西瓜花期幼果期进入感病阶段，此间遇高温多雨或雨后湿气滞留常引起该病严重发生。

防治方法　①与非瓜类作物进行2～3年轮作，水旱轮作效果更好。②加强西瓜田管理，雨后及时排水，千方百计地降低西瓜田湿度，合理施肥，增强抗病力。③发病重的地区于始花期开始喷洒58%甲霜灵·锰锌600倍液混加60%甲基硫菌灵600倍液，重点喷好幼瓜、尚未开放和刚开的花。

西瓜、小西瓜白绢病

症状　染病西瓜植株茎基部及贴地的茎蔓，初呈水渍状，逐渐变成褐色，后期常腐烂，病部生出许多初白色、后变棕褐色的油菜籽样的小颗粒，即病原菌的菌核。植株结瓜后，病菌从贴地的西瓜侵入，并长出白色菌丝体，呈放射状扩散，数日后也长出棕褐色小菌核，有时波及病瓜附近土面上。湿度大时果实局部腐烂。

病原　*Sclerotium rolfsii* Sacc.，称齐整小核菌，属真菌界子囊菌门小核菌属。有性态为 *Athelia rolfsii*（Curzi）Tu. et Kimbrough，称罗耳阿太菌，属真菌界担子菌门阿太菌属。

西瓜白绢病菌丝呈辐射状扩展

传播途径和发病条件　病菌以菌核或菌丝体在土壤中越季或越冬，条件适宜时菌核萌发产生菌丝，从植株茎基部或根部或贴近地面的瓜皮侵入，经3～10天潜育期即发病。最先发病的称为中心病株，整个田间由中心病株向周围扩散，一片片发生。发病适温30℃，尤其是持续高温或时晴时雨对菌核萌发有利，南方酸性土或沙性地、连作地易发病。

防治方法　①土壤偏酸应施入消石灰100kg左右，调至中性。发现病株及时挖除，集中烧毁。病穴施入石灰消毒。②发病初期用15%三唑酮可湿性粉剂或50%甲基立枯磷可湿性粉剂1份，加细土100份，撒在病部或根茎处有效。也可喷洒20%甲基立枯磷乳油1000倍液、98%绿邦98可湿性粉剂800倍液、70%噁霉灵可湿性粉剂1500倍液、5%井冈霉素A可湿性粉剂1000倍液。

西瓜、小西瓜疫病

西瓜、小西瓜疫病是生产上的重要病害，南、北方常流行成灾。

症状 危害幼苗，造成幼苗猝倒死亡。危害幼株时，茎基变色，叶萎凋，全株初青枯，后枯死。靠叶柄的茎节常水渍状软化，严重时根断续褐腐。成株期染病，叶面初生暗绿色水渍状圆形至不规则形病斑，湿度大时或雨后似开水烫状，干燥时易破碎。茎基部染病，初现暗绿色纺锤形水渍状斑，后腐烂，病部以上枯死。果实染病，果面上现暗绿色不规则形、大小不一水渍状凹陷斑，湿度大时迅速扩展到大半个果实，表面产生稀疏白霉。

小西瓜疫病发病初期茎基部呈水渍状缢缩

西瓜疫病病斑迅速扩展

小西瓜疫病病叶上的不规则形病斑

西瓜疫病病瓜上现水渍状不规则大斑

西瓜疫病田间受害状茎叶干枯

病原 *Phytophthora drechsleri* Tucker，称掘氏疫霉，异名 *P.melonis* Katsura，称甜瓜疫霉，均属假菌界卵菌门疫霉属。疫霉属由于其形态和生活习性与腐霉属相似，以前的分类都是归为腐霉科，现采用《菌物词典》第 10 版（2008）根据最新的分子系统学研究结果，将该属归到霜霉科。疫霉属与腐霉属的主要区别是前者的游动孢子在孢子囊内形成，而腐霉属的游动孢子在泡囊内形成。

西瓜疫病病瓜上的菌丝、孢囊梗和孢子囊

传播途径和发病条件　以菌丝体或卵孢子随病残体在土壤中或粪肥里越冬，翌年产生孢子囊借气流、雨水或灌溉水传播，种子虽可带菌，但带菌率不高，湿度大时，病斑上产生孢子囊及游动孢子进行再侵染。发病温限 5～37℃，最适温度 20～30℃，雨季及高温高湿发病迅速，排水不良、栽植过密、茎叶茂密或通风不良发病重。

在发病温度范围内雨日的长短、降雨量的多少，是西瓜疫病流行的决定因素，雨季来得早，雨日持续时间长，降雨量大，则发病早、受害重。生产上发病高峰多出现在雨量高峰过后，雨后积水的田块，疫病常严重发生。连年种植瓜类作物的田块或西瓜地施用了未经充分腐熟的垃圾肥作基肥常引起疫病的发生和流行。品种间或同一品种不同生育期感病性存在差异。无籽西瓜较常规西瓜抗病性强，

苗期、伸蔓期较果实膨大期抗病。

防治方法　①选用抗病品种。如湘育冰晶小型西瓜、秀丽、无籽黄玉等。②种子消毒。播前种子用 55℃温水浸种 15min，或用 75% 百菌清可湿性粉剂 500 倍液浸种 6h，带药催芽育苗或直播。也可用 2.5% 咯菌腈悬浮剂加 53% 精甲霜·锰锌水分散粒剂配好的 400 倍液于播种前喷洒苗床表面，然后把种子播种在带药的阳畦土壤中，防止瓜苗带病。③选择排水良好的田块，采用深沟高厢或高垄种植，雨后及时排水。④发病前提倡使用恩益碧（NEB），每 667m² 用菌根 5 袋，每袋对水 50L 灌根，每株灌对好的药液 100ml。⑤药剂蘸根。定植时先把 722g/L 霜霉威水剂 700 倍液配好，取 15kg 放入比穴盘大的长方形容器中，再将穴盘整个浸入药液中把根部蘸湿即可。⑥发病初期浇灌 72.2% 霜霉威水剂 700 倍液混 70% 噁霉灵可湿性粉剂 1500 倍液，或 27.12% 碱式硫酸铜悬浮剂 500 倍液混加 722g/L 霜霉威水剂 700 倍液，或 2.5% 咯菌腈悬浮剂 1200 倍液混 50% 多菌灵可湿性粉剂 600 倍液，或 69% 烯酰·锰锌可湿性粉剂 600～800 倍液，隔 10～15 天 1 次，防治 2～3 次。

西瓜、小西瓜绵腐病

症状　苗期染病，引起猝倒，结瓜期主要危害果实。贴土面的西瓜先发病，病部初呈褐色水浸状，后迅

速变软，致整个西瓜变褐软腐。湿度大时，病部长出白色棉毛，即病原菌菌丝体。本病也可导致死秧。

西瓜绵腐病病瓜上的茂盛的棉絮状菌丝

病原 *Pythium aphanidermatum*（Eds.）Fitzp.，称瓜果腐霉，属假菌界卵菌门疫霉属。

传播途径和发病条件 平均气温 22～28℃，连阴雨天气多或湿度大利于此病发生和蔓延。

防治方法 参见西瓜、小西瓜猝倒病，西瓜、小西瓜疫病。

西瓜、小西瓜焦腐病

症状 为害果实。通常从蒂部开始果皮局部变褐，逐渐扩展成不规则形，颜色转深变黑后果肉迅速腐烂。后期病部上产生许多小黑点，即病原菌的分生孢子器。病瓜果柄往往也变黑，有时也长出黑色小点。长江以南有的年份有的地块发生较多，一旦发生迅速腐烂。

病原 *Botryodiplodia theobromae* Pat.，称可可球二孢，属真菌界子囊菌门。有性态为 *Botryosphaeria rhodina*（Cke.）Arx，称柑橘葡萄座腔菌，属真菌界子囊菌门。

小西瓜焦腐病病瓜

传播途径和发病条件 病菌以子囊壳、分生孢子器和分生孢子在西瓜果实病部越冬，翌年 5 月以后气温升高，均温 24～26℃，加上梅雨及雨季，出现高温多湿条件，利其传播和蔓延。低于 10℃ 病菌不能生长发育，子囊孢子释放需要雨水，降雨 1h 后即可释放子囊孢子，2h 达高峰。排水不良、肥料不足易发病。

防治方法 ①加强管理，施足腐熟有机肥，雨后及时排水，防止湿气滞留。②西瓜生长期间发现病果及时摘除，集中销毁，不可丢弃在西瓜地里。③及时喷洒 78% 波·锰锌可湿性粉剂 600 倍液、86.2% 氢氧化铜水分散粒剂 900 倍液、10% 苯醚甲环唑水分散粒剂 900 倍液。

西瓜、小西瓜煤污病

症状 叶片上产生灰黑色或炭黑色菌落，呈煤污状，初零星分布在叶面局部或叶脉附近，严重时覆满整个叶面。

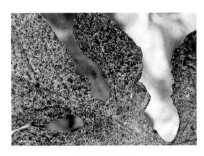

小西瓜煤污病

病原　*Cladosporium* sp.，称一种枝孢，属真菌界子囊菌门枝孢属。

传播途径和发病条件　病菌主要以菌丝体和分生孢子随病残体遗留在地面越冬，翌年气候条件适宜时，病组织上产生分生孢子，通过风雨传播，分生孢子在寄主表面萌发后从伤口或直接侵入，病部又产生分生孢子，借风雨传播进行再侵染。植株栽植过密，株间生长郁闭，田间湿度大或有白粉虱和蚜虫危害易诱发此病。

防治方法　①收获后及时清除病残体，集中深埋或烧毁。②栽植密度应适宜，及时清除田间杂草。雨后及时排水，注意降低田间湿度。③发病初期开始喷洒75%肟菌·戊唑醇水分散粒剂3000倍液、32.5%苯甲·嘧菌酯悬浮剂1500倍液、4%春雷霉素可湿性粉剂900倍液。

西瓜、小西瓜灰霉病

　　西瓜、小西瓜灰霉病在东南沿海、华南及湿度大的地区及北方保护地内均有发生，是育苗期或成株期常发病害，尤其是低温多雨年份，西瓜花和幼果经常发病，影响坐果，损失亦大。

小西瓜灰霉病病花

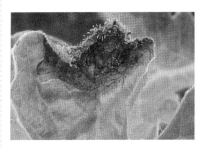

小西瓜灰霉病病叶

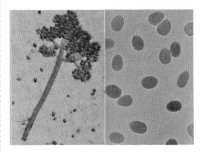

灰葡萄孢分生孢子梗和分生孢子

症状　苗期染病，先是心叶受害，后枯死，瓜农称"烂头"，随后全株枯萎死亡，病部长出茂密的灰色霉层。花瓣染病，初呈水渍状，后亦长出灰霉，造成花器枯萎脱落。幼瓜染病多始于蒂部，初呈水渍状软腐，后长出灰霉，变成黄褐色干缩或脱落。

病原　*Botrytis cinerea* Pers. : Fr.，称灰葡萄孢，属真菌界子囊菌门葡萄孢核盘菌属。

传播途径和发病条件　病菌以菌丝、分生孢子或菌核随病残体在土壤中越冬，条件适宜时从寄主的伤口或衰弱的枯死的花瓣侵入引起发病。病菌以分生孢子借气流或风雨传播，低温高湿持续时间长易发病。

防治方法　初见病变或连阴2天后，提倡喷洒每克含100万孢子寡雄腐霉菌可湿性粉剂1000～1500倍液，或50%啶酰菌胺水分散粒剂1000～1500倍液或50%啶酰菌胺1000倍液混50%异菌脲1000倍液、41%聚砹•嘧霉胺水剂800倍液，或50%咯菌腈可湿性粉剂5000倍液，或16%腐霉•己唑醇悬浮剂800倍液，10天左右1次，连续防治2～3次。

西瓜、小西瓜黑星病

症状　又称西瓜、小西瓜黑霉病、叶霉病，低温多雨年份发生，可造成一定损失，在西瓜、小西瓜各生育期均可发生。幼苗染病心叶枯萎，造成全株枯死。成株叶片染病，初生水渍状小点，后扩展成直径1～3mm小斑，外围有黄色晕圈，病斑不受叶脉限制，黄褐色至黑褐色，后期病斑

中央色渐淡，变薄且脆，四周的黄色晕圈趋于消失，常呈星状开裂，易穿孔脱落。茎蔓染病，产生椭圆形至长椭圆形的黄褐色凹陷斑。果实染病，初生暗绿色凹陷斑，有褐色胶状物溢出，病斑呈疮痂状，多龟裂，病果不腐烂。湿度大时，受害的各部位均可长出黑色霉层，即病原菌的分生孢子梗和分生孢子。

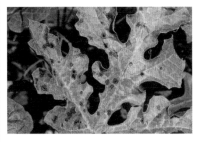

西瓜黑星病病叶上的星状开裂斑

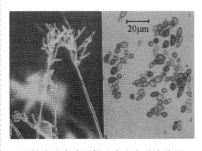

瓜枝孢分生孢子梗（左）和分生孢子

病原　*Cladosporium cucumerinum* Ellis et Arthur，称瓜枝孢，属真菌界子囊菌门枝孢属。产孢适温18～24℃，低于15℃或高于30℃不产孢，相对湿度100%时产孢量最多，相对湿度低于90%则不产孢。分生孢子在5～30℃均能萌发，

20℃为最适萌发温度。分生孢子萌发必须在水滴中，否则即使湿度达到100%也不萌发。除危害西瓜、小西瓜外，还危害南瓜、甜瓜、西葫芦、冬瓜等。

传播途径和发病条件 病菌以菌丝体随病残体在土表或土中越冬，翌春西瓜、小西瓜播种出苗后，遇条件适宜，产生分生孢子，借气流及雨滴溅射传播到西瓜植株上，萌发后产生附着胞和侵染丝直接侵入，也可产生芽管从气孔或伤口侵入，引起发病。病部产生的分生孢子进行多次重复侵染，使该病扩展蔓延。种子带菌也可进行初侵染，田间黄瓜上的黑星病菌也可成为初始菌源。浙江4月下旬就见发病，5月上中旬、气温17～20℃，该病进入盛发期，每年梅雨季节，雨日多，降雨量大，气温低于30℃，病害继续扩展，进入6月下旬至7月上旬后，随高温天气到来，该病扩展渐趋缓和直到停止扩展。生产上雨日多、雨量大、湿度高易发病和流行。每年5月和6月上旬降雨5天以上，降雨量高于30mm或月降雨日多于15天，雨量超过100mm，病害就严重发生。连作、偏施氮肥、地势低洼、排水不良发病重。

防治方法 ①建立无病留种地，采无用病种子。②种子处理。种子用55℃温水浸种15min，或用50%多菌灵可湿性粉剂800倍液浸种2h，均有效。③实行与非瓜类作物进行3年以上轮作。④加强管理。收获后及时清除病残体，用无病土育苗；雨后及时排水，防止湿气滞留。⑤保护地要注意保温保湿，防止湿度过大，可减轻发病。⑥药剂防治。发病初期及时喷洒15%亚胺唑可湿性粉剂2200倍液、50%醚菌酯水分散粒剂1000倍液、10%苯醚甲环唑水分散粒剂900倍液、25%腈菌唑乳油4000～5000倍液、25%乙嘧酚悬浮剂800～1000倍液，隔10天左右1次，防治2～3次。

西瓜、小西瓜尾孢叶斑病

症状 又称灰斑病、斑点病。多发生在西瓜生长中后期，主要为害叶片，叶上病斑较小，直径2～6mm，病斑多角形至不规则形，中央灰褐色，病斑边缘褐色至紫褐色，湿度大时生有灰色霉，病斑周围具黄色晕圈，有别于其他叶斑病。

小西瓜尾孢叶斑病病叶上的灰斑

病原 *Cercospora citrullina* Cooke，称瓜类尾孢，属真菌界子囊菌门尾孢属。

传播途径和发病条件 瓜类尾

孢菌以菌丝块或分生孢子在病残体或种子上越冬，翌年条件适宜时产生分生孢子，借气流及雨水传播，经7～10天潜育后引起发病，又产生新的孢子进行再侵染，进入雨季易发病，雨日多发病重。

防治方法 ①种子用50%多菌灵可湿性粉剂400倍液浸泡30min。②与非瓜类作物进行2年以上轮作。③发病初期喷洒70%丙森锌可湿性粉剂600倍液、70%甲基硫菌灵700倍液、20%唑菌酯悬浮剂900倍液。

西瓜、小西瓜瓜链格孢叶枯病

症状 西瓜叶枯病是近年西瓜生产上危害日趋严重的一种叶部病害。在西瓜生长的中后期来势猛，使瓜叶迅速变褐枯焦，影响西瓜产量和品质。主要为害叶片。子叶染病初在叶缘生水渍状小点，后变成浅褐色至褐色，圆形或半圆形，后整个子叶干枯。真叶染病，初在叶背面叶缘或叶脉间现水渍状斑，湿度大时致叶片失水青枯；湿度不大、气温高时常产生2～3mm圆形或近圆形褐斑，后融合为大斑，病部变薄产生枯叶。茎蔓染病，产生梭形至椭圆形凹陷斑。果实染病，初在果面上现四周稍隆起的褐色圆形凹陷斑，常侵入果肉引起果实腐烂，湿度大时病部长出灰黑色霉。

病原 *Alternaria cucumerina*（Ellis.et Everhart）Elliott，称瓜链格孢，属真菌界子囊菌门链格孢属。除为害

西瓜外，还为害南瓜、甜瓜、黄瓜、西葫芦等。

小西瓜瓜链格孢叶枯病病斑上有轮纹

西瓜瓜链格孢叶枯病病斑急性型扩展

小西瓜瓜链格孢叶枯病病果实上的黑斑

传播途径和发病条件 瓜链格孢菌以菌丝体和分生孢子随病残体在土壤中或种子上越冬，翌年西瓜生长期间条件适宜时，以分生孢子进行初侵染，经2～3天潜育即发病，病部

产生的分生孢子借风雨传播进行多次再侵染。该病潜育期短，再侵染频繁，传播蔓延很快，尤其是进入雨季，瓜链格孢在西瓜田上空数量很大。病菌生长温限 10～36℃，相对湿度高于 80% 即可发病。西瓜进入膨大期，相对湿度高于 90% 或时晴时雨雾大露水重，湿度和温度条件均易满足，利于该病流行成灾，常造成大片瓜田叶片枯死。土壤瘠薄、肥料不足的瓜田易发病，雨日多、频繁降雨或湿气滞留则发病重。

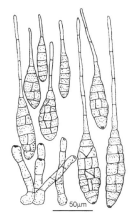

西瓜瓜链格孢叶枯病病菌分生孢子梗和分生孢子（张天宇）

防治方法　①积极选育抗西瓜叶枯病的抗病品种。②进行种子处理，种子用 55℃ 温水浸种 15min 或用 50% 异菌脲可湿性粉剂 1000 倍液或 75% 百菌清可湿性粉剂 800 倍液浸种 2h，冲净后催芽播种。③西瓜收获后，及时清理病残体，集中沤肥或销毁，可减少菌源。采用测土施肥技术，增施有机肥，提高对瓜链格孢抵抗力可减轻发病。④在雨季到来之前于叶枯病发病之前开始喷洒 10% 苯醚甲环唑微乳剂或水分散粒剂 900 倍液、250g/L 嘧菌酯悬浮剂 1000 倍液、50% 咯菌腈可湿性粉剂 5000 倍液、20% 唑菌酯悬浮剂 900 倍液、21% 硅唑·多菌灵悬浮剂 900 倍液。为了提高防效，上述药剂可轮换使用，隔 10 天左右 1 次，防治 3～4 次。⑤棚室保护地提倡施用 45% 百菌清烟雾剂，每 100m³ 用药 25～40g。也可用 5% 百菌清粉尘剂，每 667m² 用药 1kg。⑥发病重的，应在发病初期喷洒 21.4% 氟吡菌酰胺·肟菌酯（露娜森）悬浮剂 1500 倍液。

西瓜、小西瓜链格孢叶斑病

此病是生产上的常发病害，为害亦较重，尤其是多雨年份，常引起严重叶枯，减产 40%～50%。

症状　叶片染病，初生水渍状小斑点，多发生在叶缘或叶脉之间，后扩展成圆形至近圆形暗褐色病斑，边缘略隆起，病健部界限明晰，上生明显或不明显轮纹。多雨时病害扩展很快，多个病斑融合成大斑，叶片变黄，严重时全株叶片干枯。但茎蔓不干枯，有别于西瓜枯萎病、蔓枯病。果实染病，初生水渍状暗色斑，后扩展成凹陷大斑，造成果实腐烂，病部常长出黑色霉层，成为运输或储藏期的重要病害。

病原 *Alternaria alternata*（Fr: Fr）Keissler，称链格孢，属真菌界子囊菌门链格孢属。该菌在 5～40℃均可生长，26℃最适，分生孢子萌发温限为 10～37℃，26℃为最适温度。

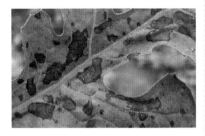

西瓜链格孢叶斑病病叶

西瓜链格孢叶斑病病瓜上的黑斑

西瓜链格孢叶斑病分生孢子（侯明生）

传播途径和发病条件 病菌主要以菌丝体随病残体在土壤中和种子上越冬，翌年春天西瓜、小西瓜播种出苗后，遇适宜温、湿度分生孢子萌发进行初侵染，发病后病部又产生分生孢子进行多次重复侵染。该病在 12～15℃时，潜育期 7～8 天，25～27℃时仅历时 3～4 天。该菌对温度要求不严，低温、高温均可发病，尤其是低温冻害之后，西瓜、小西瓜生长衰弱，抗病性降低，很易诱发该病大流行。一般相对湿度 75% 就可发病，湿度越大，病害蔓延越快，生产上遇阴雨连绵可诱发此病大发生。

防治方法 参见西瓜、小西瓜链格孢叶枯病。

西瓜、小西瓜棒孢叶斑病

症状 又称西瓜、小西瓜靶斑病。过去该病主要发生在华东，近年华北、西北也有发生。主要为害西瓜叶片，初在染病叶片的正面生浅褐色小斑点，相对应的叶背面则出现灰白色的小斑，后逐渐扩展成直径 1～3cm 的大斑，以 1cm 的病斑居多。湿度大时，病斑表面可见灰褐色至暗褐色霉状物，即病原菌的分生孢子梗和分生孢子。

西瓜棒孢叶斑病病叶

病原　*Corynespora cassiicola* (Berk. &Curt.) Wei，称多主棒孢霉，属真菌界子囊菌门棒孢属。

传播途径和发病条件　病菌主要以菌丝体和分生孢子随病叶在土壤中或瓜田四周草丛中越冬，翌年春天，西瓜、小西瓜播种后，遇有适宜的温度、湿度，越冬的病菌和新产生的分生孢子通过气流传播落到西瓜叶片上，进行初侵染，发病后在病部又产生分生孢子向瓜田扩散进行多次再侵染，致病害蔓延。生产上遇有高温高湿、闷热多雨或时晴时雨则易发病，连作地、管理粗放或田间积水、害虫多则发病重。

防治方法　①与非瓜类作物进行2年以上轮作，可减轻发病。②播种前瓜用种子重量0.3%的50%异菌脲可湿性粉剂拌种。③加强田间管理，雨后及时排水，防止湿气滞留，保护地要及时通风散湿。④发病初期喷洒70%甲基硫菌灵500倍液混加12.5%腈菌唑乳油1000倍液，或32.5%苯甲·嘧菌酯悬浮剂1500倍液混27.12%碱式硫酸铜悬浮剂500倍液，或75%肟菌·戊唑醇水分散粒剂3000倍液混加70%丙森锌600倍液，隔7～10天1次，防治2～3次。

西瓜、小西瓜褐点病

症状　主要为害西瓜、小西瓜基部老叶，沿叶缘或叶脉间产生直径1～2mm的圆形至近圆形的褐色

小斑，密布于叶面上，但不引起叶枯，湿度大时病斑表面长有黑褐色霉状物，即病原菌的分生孢子梗和分生孢子。

病原　*Alternaria tenuissima*，称细极链格孢，属真菌界无性态子囊菌链格孢属。在病斑上分生孢子，单生或短链生，分生孢子倒棍棒形，成熟孢子有4～7个横隔膜或半横隔膜、1～6个纵斜隔膜，分隔处略缢缩。喙及假喙柱状，浅褐色，分隔。

传播途径和发病条件　病菌主要以菌丝体随病残体于土壤表面或瓜田周围越冬，翌年春季西瓜、小西瓜播种出苗后，遇温湿度适宜产生大量分生孢子，通过气流传播进行初侵染和再侵染。细极链格孢在旱地土表的病残体上可存活12个月以上，在潮湿土壤里经8～10个月先后失去生活力。连年种植西瓜或与番茄邻作的瓜田易发病，西瓜、小西瓜生长前期低温多雨年份及地势低洼、排水不良、土质黏重、缺有机肥的瓜田发病重。

防治方法　①实行隔年轮作。②采用西瓜、小西瓜测土配方施肥技术，增施有机肥，增强西瓜、小西瓜抗病力。③加强管理，雨后及时排水严防湿气滞留瓜田可减少发病。④发病初期喷洒250g/L嘧菌酯水分散粒剂1000倍液或560g/L嘧菌·百菌清悬浮剂700倍液、70%代森联水分散粒剂600倍液、10%苯醚甲环唑微乳剂900倍液、42.8%氟吡菌酰胺·肟

菌酯悬浮剂 2100 ～ 3000 倍液。

小西瓜褐点病病叶

西瓜、小西瓜菌核病

西瓜菌核病过去发生较轻，近年随着保护地西瓜栽培面积的扩大，加上小西瓜的迅速发展，现在西瓜、小西瓜菌核病已上升为生产上的重要病害，不少保护地只能收 1 茬瓜，第 2 茬瓜多因菌核病危害，造成瓜株提早干枯。

症状　西瓜、小西瓜菌核病除为害叶柄、茎蔓、卷须和花以外，还可为害果实。茎蔓染病，初生水渍状小斑，后扩展成浅褐色至褐色斑，常环绕全茎，湿度大时病部软腐，表面长出白色棉絮状霉层，即病原菌的菌丝体。后期病部长出鼠粪状菌核，造成病部以上茎蔓、叶片失水后凋萎枯死，有时波及叶柄、卷须和花。幼瓜、成瓜染病后，先从脐部变成褐色水渍状软腐，以后向果柄扩展造成整个果实腐烂，表面也长出菌丝体，后菌丝纠结成菌核。菌核初白色，后变成黑色。

西瓜菌核病病瓜上的菌丝纠结成
鼠粪状菌核

西瓜菌核病菌核萌发产生的子囊盘出土

菌核病菌核萌发后长出子囊盘及
弹射出子囊孢子呈烟雾状

病原　*Sclerotinia sclerotiorum*（Lib.）de Bary，称核盘菌，属真菌界子囊菌门核盘菌属。生产上菌核病加重的原因：一是西瓜、小西瓜发展迅速难于轮作；二是病原菌已适应了温室内高温、高湿的条件，并随着病残体及菌核量在土壤中逐年累积，病原菌数量增加；三是该菌寄主范围广，又是土传病害，菌核病一旦发生则难以控制。

传播途径和发病条件 病菌以菌核在土壤中或随土壤中的病残体或混在种子中越冬或越夏，翌年，遇到相对湿度高于65%、土温15～20℃时菌核萌发长出子囊盘并弹射出子囊孢子。子囊孢子随气流传播，遇有西瓜、小西瓜时先侵染花部，染病的残花落到茎、叶或果实上，引起发病，长出白色菌丝，后菌丝纠结成菌核，经过休眠的菌核再萌发时又能进行新的侵染。生产上早春或晚秋遇有高湿低温、多雨持续时间长有利于该病的发生和流行。南方出现上述发病条件，菌核病随时发生，北方主要发生在2～4月或10～11月。生产上连作时间长，土壤中菌核多，发病重。

防治方法 采用控制温、湿度使其远离发病条件，再辅以药剂防治的综合防治法，可有效地控制该病的发生。①前茬收获后深翻改土，把菌核翻埋到25cm以下，防止其萌发出土，有条件的把表层25cm的土换成大田土。也可采用高温高湿闷棚法把菌核杀灭或采用水旱轮作或在夏季灌水浸泡1个月，均可降低土中的菌核基数。②播种前用10%的盐水漂种2～3次，清除混在种子中的菌核；选用紫外线棚膜，可有效地抑制子囊盘和子囊孢子的产生；还可选用高畦覆地膜法抑制子囊盘出土释放子囊孢子，可减少菌源。③利用温、湿度调控法抑制菌核萌发。上午以升温为主，下午放风排湿，发病后可适当提高夜温降低结露持续时间，早春日均温控制在29～31℃、相对湿度控制在65%以下就可减少发病。严防浇水过量，土壤湿度大的可延长浇水间隔时间。④茎部发病时，可用小刀刮除白色菌丝和腐烂组织，露出新组织，再用50%多菌灵或异菌脲原药直接涂抹在病部，当天就可控制病情扩展，2～3天后治愈，严防病部绕茎扩展。⑤药剂防治。发病初期看见子囊盘出土及时清除子囊盘，小心地用塑料袋套进去防止子囊孢子扩散。然后用10%腐霉利烟剂或10%百·菌核烟剂（667m²用350～400g）或20%百·腐烟剂（667m²用250g）或25%甲硫·菌核烟剂（667m²200～300g）熏1夜，次日通风半小时；也可用康普润静电粉尘剂，667m²用药800g，或5%百菌清粉尘剂喷粉，每667m²每次用药1kg；也可喷洒50%咯菌腈可湿性粉剂5000倍液混加50%异菌脲1000倍液混27.12%碱式硫酸铜500倍液，或25%咪鲜胺乳油1500倍液混加25%嘧菌酯悬浮剂1000倍液，重点喷洒茎基部和基部叶片，隔7～10天1次，连续防治2～3次。

西瓜、小西瓜红粉病

症状 过去西瓜、小西瓜红粉病是储藏期病害之一，多发生在储运过程中或储藏前期，现已成为西瓜、小西瓜生产中的常见病害。发病初期果面上产生圆形至不规则形、浅褐色、边缘不明显的病变，上生初白色后橙红色的霉状物，即病原菌的分生孢子梗和分生孢子。病部凹陷，病菌能穿过皮层致果肉分崩离析烂成一团，无法食用。该病一般不为害叶片，除非在温室高湿条件下。此病与镰刀菌红粉病引起的腐烂不易区分，红腐病病部霉状物为橙红色或粉红色，病斑下果肉淡褐色，扩展慢；镰刀菌的霉状物为白色至粉红色，病斑下果肉紫红色，扩展很快，有时病斑表面还可产生橙红色的黏质小粒，即镰孢菌分生孢子团。

病原 *Trichothecium roseum* （Pe-rs.）Link，称粉红单端孢，属真菌界子囊菌门单端孢属。

西瓜红粉病病瓜上的症状

传播途径和发病条件 病菌以菌丝体随病残体在土壤中越冬，条件适宜时产生分生孢子，借风传播到西瓜、小西瓜果实上，经伤口侵入进行初侵染和再侵染。病菌发育适温 25～30℃，相对湿度高于 85% 易发病。

防治方法 ①在病瓜尚未长出粉红色霉层时就摘除，防其传播蔓延。②防止果实碰伤、擦伤，采收时最好用剪刀，避免用手拉扯造成伤口。③储藏时温度控制在 12.5℃左右或 20℃，可储藏 1 个月。

西瓜、小西瓜果腐病

症状 主要发生在西瓜、小西瓜果柄处，病斑稍凹陷，近圆形，淡褐色，后期常呈水渍状，病部长有白色至粉红色菌丝体，严重的引起局部腐烂。

病原 *Fusarium* spp.，称多种镰刀菌，属真菌界子囊菌门镰刀菌属。

传播途径和发病条件 镰刀菌存在于土壤中或空气里，多具腐生性，条件适宜时就可从伤口侵入西瓜、小西瓜进行危害，发病后又产生分生孢子，借风雨或灌溉水传播，进行再侵染，致病果不断增多。

小西瓜镰孢果腐病病瓜上的症状

防治方法 参见薄皮甜瓜、厚皮甜瓜镰孢红粉病。此外，可喷洒

20% 辣根素水剂，用量为 4L/667m²。

西瓜、小西瓜霜霉病

西瓜霜霉病叶面症状

症状　受害西瓜叶片上初呈褪绿小圆点，后变成黄褐色至黑褐色小斑点，病斑单独存在彼此不融合，一般不至于引起叶片枯死，湿度大时病斑背面具稀疏的紫灰色霉，即霜霉菌的孢囊梗和孢子囊。西瓜对霜霉菌抗性强，在田间造成的为害轻微。

病原　*Pseudoperonospora cubensis*（Berk.et Curt）Rostow.，称古巴假霜霉，属假菌界卵菌门霜霉属。

传播途径和发病条件　冬季温暖常年种植瓜类蔬菜的地区，病菌辗转传播，不存在越冬问题。但在北方冬春大棚或温室总有黄瓜等瓜类栽培，瓜类作物上产生的孢子囊就会成为西瓜霜霉病的初始侵染源，北方的初始病原也可能是从我国南方发病较早地区随季风吹来的。15～20℃最适孢子囊形成，15～22℃最适孢子囊萌发，16～22℃适其侵入西瓜，湿度越高孢子囊形成越快且数量多，相对湿度低于 60% 则不能产生孢子囊。孢子囊萌发需要叶面有水滴或水膜，在干燥叶面上不能萌发。生产上温度在 15～22℃、多雨或雾大露重利其发病。反季节栽培的西瓜、小西瓜，只要出现发病条件，霜霉病就可发生。

防治方法　西瓜对霜霉病抗性明显，生产上仅在西瓜苗期、生育中期零星发生，未见造成大的危害，因此可不防治。个别品种、个别地块或个别地区需要进行防治的可参照西瓜、小西瓜疫病防治法进行。

西瓜、小西瓜白粉病

西瓜、小西瓜白粉病俗称白毛，是西瓜生产上的常见病害，全国各地均有发生。过去南方发生较重，江苏、浙江春西瓜、秋西瓜及西北也常发生。近年随着保护地和反季节栽培的大发展，该病为害日趋严重，有些保护地苗期、成株均有发病，严重的定植后不久即见发病，一直伴随着瓜的生长，随时可见白粉病病株直至拉秧，严重影响西瓜生产。

症状　主要为害叶片、叶柄和茎蔓，初在叶片正面出现褪绿变黄圆斑点，不久叶面或叶背产生近圆形小粉斑，后扩展成直径 1～2cm 圆形白粉斑。感病品种白粉斑能迅速扩大，多个病斑融合成一片，

小西瓜白粉病新症状

小西瓜白粉病病叶

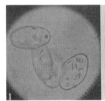

苍耳叉丝单囊壳的分生孢子、
闭囊壳、子囊
1—分生孢子；2—闭囊壳和子囊

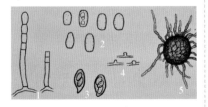

奥隆特高氏白粉菌的无性态和有性态
1—分生孢子梗；2—分生孢子；3—子囊和
子囊孢子；4—附着胞；5—闭囊壳

严重的全叶布满白色粉状物，即该菌的气生菌丝体和分生孢子。发病重的叶片慢慢变黄枯萎，一般不脱落。进入生长后期，白粉状物变成灰色至灰褐色，且粉斑上现先为黄色后变为黑色的小黑点，即病原菌的有性态——闭囊壳。保护地栽培的小西瓜发病尤为严重。

病原 *Podosphaera xanthii*，称苍耳叉丝单囊壳和奥隆特高氏白粉菌；*Golovinomyces orontii*，称菊科高氏白粉菌；*G.cichoracearum*，称鞑靼内丝白粉菌；*Leveillula taurica*，称苍耳叉丝单囊壳，属真菌界子囊菌门叉丝单囊壳属。奥隆特高氏白粉菌属子囊菌门高氏白粉菌属。

现在全国已报道我国不同省份、不同地区侵染西瓜、小西瓜的白粉病菌种类分布情况，大部分为苍耳叉丝单囊壳和奥隆特高氏白粉菌。其中以苍耳叉丝单囊壳发生更为普遍。危害性更大。

苍耳叉丝单囊壳，菌丝壁薄，光滑，附着器不明显至微乳头状，分生孢子椭圆形至卵圆形，内生明显的纤维体；芽管侧面生，简单至叉状，短；分生孢子梗直立，脚胞圆筒形；闭囊壳球形至近球形，内含单个子囊，每个子囊内含有 8 个子囊孢子；附属丝丝状，长度为闭囊壳直径的 0.25～4 倍；子囊孢子广卵形至亚球形。主要分布在河北、内蒙古、辽宁、江苏、台湾、广西、云南、四川、北京、黑龙江、海南、陕西、吉林、浙江、新疆、山西、河南等地，在多数地方只产生无性态，其种类确定存在误差。

奥隆特高氏白粉菌，属高氏白粉菌。菌丝略弯曲，附着器乳头状，分生孢子内无纤维体，芽管从分生孢子顶端或底部长出，通常很短，与分生孢子等长或更短，通常扭曲，有时直或弯，很少叉状；闭囊壳少见，通常含有 5 ~ 14 个子囊，子囊内含 2 ~ 4 个子囊孢子。主要分布在黑龙江、甘肃、青海、新疆、江苏等地。除为害西瓜外，还侵染甜瓜、黄瓜、南瓜、冬瓜等葫芦科蔬菜。

传播途径和发病条件 南方四季都能种植瓜类作物的地区，白粉病病菌以菌丝体和分生孢子在西瓜等瓜类作物上，一代接一代地传播，不存在越冬的问题，一般很少产生有性世代。北方保护地栽培西瓜等瓜类的地区，也可以菌丝体和分生孢子，在病株上越季，并不断进行再侵染。翌年春季病菌侵染露地春西瓜，后传染到秋西瓜上，最后还回到棚室内越冬。在没有保护地的地区，白粉菌常于秋末在衰老的病叶上产生闭囊壳随病残体越冬，翌年春天气温升高，温、湿度条件适宜时，释放出子囊孢子，从西瓜等寄主表皮直接侵入，完成初侵染。浙江无温室的地区，也是这样越冬的。至翌年 5 月弹射出子囊孢子，进行初侵染，发病后病部又产生大量分生孢子，借气流和雨水溅射传播，进行多次再侵染，使白粉病迅速扩展蔓延。西瓜白粉菌的分生孢子萌发温限为 10 ~ 30℃，以 20 ~ 25℃最适，低于 10℃或高于 30℃不能萌发，分生孢子萌发和侵入的适宜相对湿度为 90% ~ 95%，在棚室或田间该病是否流行，常取决于棚内湿度和寄主长势。虽然湿度 25% 时也可萌发，但高湿萌发率高，生产上高温干燥与高温高湿交替出现，又有大量菌源时病害很易流行成灾，现已成为西瓜等瓜类生产上的严重病害。

防治方法 ①选用抗白粉病的西瓜、小西瓜品种。②采用测土配方施肥技术。西瓜生育期短，基肥和追肥均以速效肥为主。追肥在定瓜后进行，幼瓜长到鸡蛋大小时，疏瓜定瓜，追施膨瓜肥，667m² 施复合肥 30kg，增强抗病力。③保护地栽培小西瓜特别注意棚内通风，降低湿度可预防白粉病，发现有发病苗头，应及时用药防治。④药剂防治。在西瓜、小西瓜叶面初现零星小黄点或白色小粉斑时喷洒 75% 肟菌·戊唑醇水分散粒剂 3000 倍液混加 70% 丙森锌 600 倍液，或 20% 唑菌酯悬浮剂 900 倍液、15% 亚胺唑可湿性粉剂 2000 倍液、4% 四氟醚唑水乳剂 1200 倍液、25% 乙嘧酚悬浮剂 800 ~ 1000 倍液、10% 己唑醇乳油 3000 ~ 4000 倍液，隔 10 天 1 次，防治 2 ~ 3 次。

西瓜、小西瓜细菌性角斑病

症状 又称西瓜细菌性叶斑病。苗期、成株均可发病，侵害西瓜、小西瓜叶片、茎蔓及果实。苗期染病，子叶上产生油浸状的斑点，圆形至不定形，有时沿纤维管束扩展，后形成多角形病斑。真叶沿叶缘现黄褐色至黑褐色坏死干枯，造成瓜苗变褐枯死。成株染病，叶片上初现水渍状略透明小黄点，几天后扩展成浅黄色病斑，边缘现黄绿色晕，斑中央变褐或呈黄白色至灰褐色，有时破裂穿孔。高湿或叶面结露或叶缘吐水持续时间较长的瓜田，可见叶背溢出白色菌脓。果实染病，初在果面上生油渍状黄绿色小点，后迅速变成红褐色至暗褐色近圆形坏死斑，四周黄绿色油渍状，随该病扩展终致病斑融合或凹陷龟裂成不规则形病疤，灰褐色。保湿后病部可出现白色菌脓，是该病重要特征。

西瓜细菌性角斑病病叶

小西瓜细菌性角斑病病瓜

病原 *Pseudomonas syringae* pv. *lachrymans*（Smith&Bryan）Young et al.，称丁香假单胞菌流泪致病变种，属细菌界薄壁菌门。

传播途径和发病条件 病菌在西瓜、小西瓜种子内或随病残体遗留在土壤中越冬。细菌可在种子上存活2年，种子发芽时，附着在种子上的病原细菌侵染西瓜、小西瓜的子叶和真叶。土壤中的病菌通过灌溉水溅到近地面的叶片或瓜上，病菌侵入寄主后，经几天潜育，引起发病，称为初侵染，发病后病斑上的菌脓又通过风雨、昆虫、农事操作等传播，通过瓜株上的气孔、水孔或伤口侵入体内，称作再侵染。雨日多再侵染频繁，易引起该病流行，造成较大损失。

防治方法 ①选用无病种子，或用消过毒的包衣种子，或用50℃温水浸种20min消毒。②选用无病土育苗，或进行2年以上轮作。③绑蔓等田间管理在晴天9时后进行，避免人为传播，发现病叶及时摘除，带出棚外销毁。瓜棚早晨控温10～12℃，中午28℃时及时通风，下午25℃时关风口，22℃时放草苫。但进入深冬后就要增加保温设施，使棚内的温度中午达到30℃以上再放风，晚放草苫，尽量延长见光时间提高西瓜质量。④药剂防治。于发病初期及时喷洒20%噻唑锌悬浮剂400倍液或90%新植霉素可溶粉剂4000倍液或72%农用高效链霉素3000倍液混

50% 琥胶肥酸铜 500 倍液，或 32.5% 苯甲·嘧菌酯悬浮剂 1500 倍液混加 72% 农用高效链霉素 2000 倍液，或 4% 春雷霉素可湿性粉剂 900～1000 倍液，或 80% 福美双悬浮剂 800 倍液＋斯德考普叶面肥 6000 倍液、80% 乙蒜素乳油 1000 倍液、77% 氢氧化铜可湿性粉剂 600 倍液、33.5% 喹啉铜悬浮剂 800 倍液，进行定期喷药，7～10 天 1 次，要几种农药交替施用以提高防效，同时结合喷 0.004% 芸薹素内酯水剂 1000～1500 倍液或福施壮和保民丰，平衡其营养生长和生殖生长，提高抗病力。

西瓜、小西瓜种传细菌性果斑病

2002 年 6 月福建霞浦县发生该病 200hm²（1hm²=15 亩 ＝ 1×10⁴m²），损失 30%～100%，成为西瓜毁灭性病害。

症状 西瓜细菌性果斑病又称细菌斑点病、西瓜水浸病、果实腐斑病等，是近年由国外传入的毁灭性病害。苗期和成株均可发病。瓜苗染病沿中脉出现不规则褐色病变，有的扩展到叶缘，从叶背面看呈水渍状，种子带菌的瓜苗在发病后 1～3 周即死亡。西瓜果实染病，初在果实上部表面现数个几毫米大小灰绿色至暗绿色水渍状斑点，后迅速扩展成大型不规则的水浸状斑，变褐或龟裂，致果实腐烂，分泌出一种黏质琥珀色物质，进一步发展，细菌透过瓜皮进入果

内。该病多始于成瓜向阳面，与地面接触处未见发病，瓜蔓不萎蔫，病瓜周围病叶上现褐色小斑，病斑通常在叶脉边缘，有时被一个黄色组织带包围，病斑周围呈水渍状是该病别于其他细菌病害的重要特征。

西瓜细菌性果斑病病瓜上的水渍状病斑

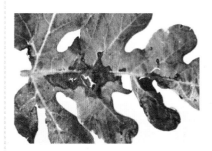

西瓜细菌性果斑病病叶（胡方平原图）

病原 *Acidovorax citrulli*（Schaad et al.），称西瓜燕麦噬酸菌，属薄壁菌门嗜酸菌属西瓜亚种。除为害西瓜外，还可为害黄瓜和西葫芦、甜瓜、哈密瓜、小青南瓜、南瓜等。该菌生长适温 28℃，人工接种 2～3 天即可显症。

传播途径和发病条件 病菌附着在种子或病残体上越冬，种子带菌是翌年主要初侵染源。该菌在埋入土

中的西瓜皮上可存活 8 个月，在病残体上存活 2 年，病菌在西瓜种子上可存活 19 年，田间借风、雨及灌溉水传播，从伤口或气孔侵入，果实发病后在病部大量繁殖，通过雨水或灌溉水向四周扩展进行多次重复侵染。多雨、高湿、大水漫灌或喷灌易发病，气温 24～28℃经 1h，病菌就能侵入潮湿的叶片，潜育期 3～7 天，细菌经瓜皮进入果肉后致种子带菌，侵染种皮外部位，也可通过气孔进入种皮内。福建有两个发病期，第 1 个在幼苗期，子叶至 2 叶 1 心期造成幼苗枯死；移栽大田后第 2 个发病期在果实膨大至成熟期，坐瓜后 10 天左右出现病瓜，15～20 天后病果迅速增多，越成熟染病越重。福建 6 月中、下旬西瓜进入生长后期，雨后突晴气温急剧升高引起大发生。如 2004 年和 2005 年的 6 月中、下旬西瓜生长后期出现连续阴雨或晴雨相间高温高湿天气则发病重，其他年份同时期降雨少则发病轻。

防治方法 ①加强西瓜、甜瓜等葫芦科种子进口检疫，防止带菌种子进入我国。②选用抗病品种，进行 3 年以上轮作。③种子处理。西瓜种子用 70℃恒温干热灭菌 72h，或用 55℃温水浸种 25min，再催芽播种；或用每升含 200mg 的链霉·土霉素（90% 新植霉素）或 72% 农用高效链霉素浸种 2h，晾干播种。④无病土育苗，保证幼苗无病，改喷灌和大水漫灌为滴灌，可减少传染。⑤施用腐熟有机肥，对土壤进行氰氨化钙＋高温

消毒确有实效。⑥定植时药剂蘸根，先把 250g/L 嘧菌酯悬浮剂 1500 倍液配好，取出 15kg 放在长方形容器中，再把育好苗的穴盘整个浸入药液中把根部蘸湿，可防止该病侵入或延迟发病。⑦幼果坐住后浇水要适宜，严防裂瓜，出现害虫要早防以防止伤口，隔 10 天喷 1 次 32.5% 苯甲·嘧菌酯悬浮剂 1500 倍液混 27.12% 碱式硫酸铜 500 倍液，或 32.5% 苯甲·嘧菌酯悬浮剂 1500 倍液混加 72% 农用高效链霉素 3000 倍液，或 4% 春雷霉素可湿性粉剂 900～1000 倍液，同时可结合喷施 0.004% 芸薹素内酯水剂 1000～1500 倍液或 0.003% 丙酰芸薹内酯水剂 2500 倍液，均匀喷雾，以提高西瓜的抗病性。

西瓜、小西瓜细菌性斑点病

症状 又称西瓜褐斑细菌病。主要为害叶片。初在叶片上形成黄色或黄褐色小角斑，大小 1～2mm，严重时叶片变褐枯死，有时为害叶缘引起坏死。侵染幼茎和叶柄及果实时，产生灰色斑点，其中心具黄色干菌脓，似痂斑。

小西瓜细菌性斑点病病叶症状

西瓜细菌性斑点病病瓜

病原　*Xanthomonas campestris* pv. *cucurbitae*（Bryan）Dye，称油菜黄单胞菌黄瓜致病变种，属细菌界薄壁菌门。该菌生长适温 25 ～ 30℃，36℃能生长，致死温度 49℃。

传播途径和发病条件 、 防治方法

参见薄皮甜瓜、厚皮甜瓜细菌性角斑病。

西瓜、小西瓜细菌性枯萎病

症状　又称西瓜青枯病。主要为害茎蔓。茎蔓染病，初呈水渍状，随后病斑迅速扩展，至绕茎蔓一周后，病部变细，两端仍呈水渍状，病部上端茎蔓先出现萎蔫，最后全株凋萎死亡。剖开病茎用手挤压，有乳白色菌脓从维管束切面上溢出，维管束一般不变色，根部亦不腐烂，有别于镰刀菌引起的枯萎病。

病原　*Erwinia tracheiphila*（Sm-ith）Bergey et al.，称西瓜萎蔫病欧文氏菌，属细菌界薄壁菌门。此菌除为害西瓜外，还可为害黄瓜、南瓜、甜瓜、冬瓜等葫芦科植物。

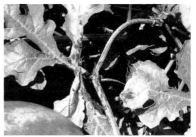

西瓜细菌性枯萎病病叶和病茎

传播途径和发病条件　病菌在食叶甲虫体内越冬，翌年西瓜出苗后带菌的甲虫迁入西瓜田危害，病菌随之从伤口侵入进行初侵染。整个西瓜生长期间，病原细菌通过甲虫传播，进行多次重复侵染，致该病不断扩展蔓延。山东济南 6 月中、下旬开始发病。冬季温暖，越冬食叶甲虫基数大、带菌率高，西瓜生长期闷热，时晴时雨则发病重。

防治方法　①发现病株及时拔除。病穴用石灰消毒。②注意防治西瓜田甲虫，减少伤口。③发病初期喷洒 10% 苯醚甲环唑 1500 倍液混加 27.12% 碱式硫酸铜 600 倍液，或 32.5% 苯甲·嘧菌酯悬浮剂 1500 倍液混加 72% 农用高效链霉素 3000 倍液，或 4% 春雷霉素可湿性粉剂 800 ～ 1000 倍液，或 90% 新植霉素可溶粉剂 4000 倍液、80% 乙蒜素乳油 800 ～ 1000 倍液，隔 10 天 1 次，防治 2 ～ 3 次。

西瓜细菌性软腐病

症状　果实染病，受害部初为水渍状、深绿色病斑，渐扩大，稍凹陷，色渐变褐，从病部向内腐烂，有臭味。茎染病，症状同果实，病部以上茎蔓枯萎。

西瓜细菌性软腐病病瓜

病原　*Pectobacterium caro-tovorum* subsp. *carotovora*（Jones）Bergey et al.［*Erwinia aroideae*（Towns.）Holland］，称胡萝卜软腐果胶杆菌胡萝卜软腐致病变种，属细菌界薄壁菌门果胶杆菌属。

传播途径和发病条件 、防治方法　参见薄皮甜瓜、厚皮甜瓜细菌性软腐病。

西瓜、小西瓜细菌性褐斑病

20 世纪 90 年代末期，浙江省临海市首先发现该病，近几年发病面积不断扩大，尤其是连作田块发病较重。

症状　主要为害保护地大棚西瓜叶片、叶柄、幼茎及果实，叶片初发病时叶面、叶背产生水渍状黄色至黄褐色小圆斑点，大小 1 ～ 2mm，扩展后呈近圆形至多角形褐色病斑，对光观察可见病部有明显的半透明晕斑，有时叶缘上也产生坏死斑。叶柄、幼茎染病，产生灰色斑点，病部中心现黄色干菌脓，似痂斑。

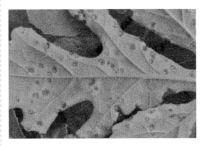

西瓜细菌性褐斑病叶背面症状（张广荣）

病原　*Xanthomonas campestris* pv. *cucurbitae*（Bryan）Dye.，称油菜黄单胞菌黄瓜致病变种，属细菌界薄壁菌门。菌体杆状，单生，双生或链生，有荚膜无芽孢，大小（0.4 ～ 0.7）μm×（0.7 ～ 1.8）μm，生长适温 25 ～ 30℃，36℃能生长，49℃经 10min 致死。主要为害黄瓜、西瓜等葫芦科植物。

传播途径和发病条件　病原细菌在病残体上或种子内越冬，通过昆虫传播，从伤口侵入，夏季高温期，尤其是下雨或喷灌之后开始发病，大棚栽培西瓜为了保温抢行情舍不得放风及喷湿，造成棚内湿度过大，尤其是雨后或浇水后西瓜很易结露、吐水造成湿度居高不下，且持续时间长，出现了发病条件，生产上在连作地、土壤中细菌多、地势低洼、栽植过密、通风透光不好则发病早而重。

[防治方法] ①发病重的地区实行水旱轮作，育苗营养土必须用无菌土或配制育苗土之前晒28天以上。②育苗和定植使用的有机肥一定要充分腐熟，不得混有瓜类病残体。③选择高燥地块进行深沟高畦栽培，雨后无积水。④选用抗病品种，包衣时加入杀灭细菌的20%噻菌灵500倍液，灭菌30min。⑤有条件的可在休闲期进行高温灭菌，是确有实效的措施。⑥采用地膜覆盖。⑦加强管理，适时放风排湿十分重要。浇水改在上午，合理密植，发现病株及时挖除，病穴用生石灰消毒。⑧发病初期喷洒32.5%苯甲·嘧菌酯悬浮剂1500倍液混27.12%碱式硫酸铜500倍液，或32.5%苯甲·嘧菌酯悬浮剂1500倍液混72%农用高效链霉素3000倍液，或4%春雷霉素可湿性粉剂800～1000倍液，或90%新植霉素可溶粉剂4000倍液，隔10天左右1次，防治2～3次。

西瓜、小西瓜花叶病毒病

近年来，西瓜花叶病毒病危害日趋严重，造成西瓜减产20%～30%，严重影响西瓜的优质、高产。生产上由于对蚜虫传毒的重要性认识不足，未能及时治蚜，错过防治适期，致病毒病大发生。

[症状] 病株呈系统花叶症状，顶部叶片呈浓淡相间的花叶，病叶窄小或皱缩畸形。感病较轻的植株尚能结瓜，但瓜个头很小，数量也少。感病重的植株萎缩，节间变短，新生茎变细且节间短、纤细扭曲，叶小、皱缩严重，蔓叶全部失绿变黄，雌花发育不良，不能坐瓜。瓜蔓的顶端节间缩短、变硬、变脆，呈抬头状，病株生长缓慢甚至停止。

小西瓜花叶病毒病

有机无土栽培蜜世界西瓜花叶病毒病

粗提纯的西瓜花叶病毒（WMV）

病原 *Watermelon mosaic virus*（WMV），称西瓜花叶病毒，属马铃薯 Y 病毒科马铃薯 Y 病毒属病毒。WMV 粒体线状，长 750nm，病毒汁液稀释限点 2500 倍，钝化温度 60～65℃，体外存活期 10～15 天。

传播途径和发病条件 病毒通过蚜虫传毒，也可通过汁液摩擦接触传播。高温、干旱、光照充足的季节，蚜虫繁殖快，数量多，成群聚集在西瓜蔓叶上，吸取汁液传毒，并致使植株营养不良。蚜虫吸食感病毒病植株的汁液，再迁飞到无病植株上，短时间内即可完成传毒。田间蚜量多少是制约西瓜花叶病毒病流行的关键因素。传毒蚜虫主要有桃蚜、棉蚜、麦二叉蚜、麦长管蚜等，生产上蚜虫发生高峰后 15～20 天，即出现病毒病的发病高峰。西瓜、小西瓜生长适温为 25～30℃，温度低时，生长缓慢，温度超过 32℃，容易诱发病毒病。

防治方法 防治西瓜花叶病毒病的关键是采用农业防治措施与治蚜防病相结合的综合防治技术策略。根据当地植保部门的监测预报，抓住防治适期，在有翅蚜形成之前，及时施药，能有效控制病毒病流行。①农业防治。a. 选用西农 8 号、金冠 1 号、安生甜王 3 号 A、丰抗 8、抗病早冠龙、新疆火州、京抗系列等大西瓜及中选 12、秀丽等小西瓜抗病良种。b. 实行与非瓜类作物轮作。c. 采用银灰色地膜或挂银灰膜条防蚜避蚜。d. 加强田间管理。西瓜伸蔓以后，要及时压绑茎蔓，防止风雨交加时茎蔓相互摩擦传毒。采用测土施肥技术，切忌偏施氮肥，每 667m² 施有机肥 5000～7500kg，氮肥 50kg、钾肥 30kg。②防治蚜虫传毒。从苗期开始防蚜，喷洒 10% 吡虫啉可湿性粉剂 1200 倍液或 15% 唑虫酰胺乳油 1200 倍液或 10% 烯啶虫胺水剂 2500 倍液，隔 15 天 1 次，特别注意从麦田迁飞过来的蚜虫，防止蚜虫传毒。③发病初期喷洒 5% 菌毒清水剂 200 倍液或 20% 盐酸吗啉胍可湿性粉剂或悬浮剂（每 667m² 用 200～300g，对水 45～60kg）或 1% 香菇多糖水剂（每 667m² 用 80～120ml，对水 30～60kg，均匀喷雾），也可用 20% 吗胍·乙酸铜可溶粉剂 300～500 倍液 + 萘乙酸（2～5mg/kg）+0.1% 硫酸锌 +0.7% 复硝酚钠 1000 倍液 +0.3% 磷酸二氢钾混合喷洒。隔 10 天左右 1 次，防治 2～3 次。由于蚜虫迁飞距离较远，蚜虫种类多，最好组织瓜农联防联治，可取得事半功倍的效果。建议在使用防治病毒病药剂的同时加入 0.004% 芸薹素内酯水剂 1000～1500 倍液，连续 2～3 次，防效较好（后同）。

西瓜绿斑驳花叶病毒病

症状 定植后靠近生长点的幼叶上产生黄斑略突起深绿色花叶，整片叶变细、黄化、叶缘上卷。果实上在果柄部产生褐色坏死或果皮上产生深绿色花纹或小瘤，果皮变白的果肉内部也变色，种子周围的果肉变成紫红色，果肉腐败散发出臭味。敲打果实声音发闷，似敲打软木的噗噗声，河北、北京一带又叫"水脱"。西瓜压蔓前染病倒瓤率达100%，减产30%以上。2005年我国盖州大棚发病面积333hm²，其中13hm²绝收。果肉纤维化、倒瓤，完全丧失食用价值。

有机无土栽培小西瓜绿斑驳花叶病毒病病果

西瓜绿斑驳花叶病毒病

病原 *Cucumber green mottle mosaic virus*（CGMMV），称黄瓜绿斑驳花叶病毒病，属烟草花叶病毒属病毒。

传播途径和发病条件 该病毒是种传病毒，整个生育期接种均可造成种子和果肉带毒，通过汁液接触、花粉和嫁接等方式传毒。在加温温室中定植后茎蔓伸长时开始发病，果实膨大时病情迅速扩展，造成果肉劣变，为害不断加重。试验表明，植株早期感病后，叶片数量明显减少，砧木葫芦带毒后再嫁接，可把病毒传给接穗西瓜，减产损失十分明显。经血清学测定，西瓜果肉及种子带毒率均达100%，倒瓤率高。结瓜后接种，西瓜种胚和果肉均含有病毒，病毒含量高达5.98mg/ml和5.64mg/ml。

防治方法 该病毒传染方式复杂，必须进行综合防治。①从无病株上采种。新引进的种子必须通过检疫部门检疫。播种前及早用10%的磷酸三钠溶液浸种30min，捞出后用清水冲净。但对种子已带毒的无效。②对种子已带毒的种子用70℃干热灭菌3天或用0.5%香菇多糖水剂100倍液浸种20～30min。③与非瓜类作物进行3年以上轮作。④按西瓜需肥规律进行配方施肥。氮、磷、钾应按3∶1∶4的比例使用，促根系发育，提高抗病力，防止早衰。⑤西瓜结瓜后期及时放风排湿降温。平时放风控制在30℃以下。坐瓜后15～20天，西瓜进入膨大期开始转色是管理的关键期。此时只要棚温不低于20℃，都必须放风。浇水后应把棚顶薄膜缝隙全部扒开，连续3天保持棚内无水气，如遇高温天气，还应打开棚的两头及两侧下部，加速棚内空气流通，降低棚内湿度，浇水采用高垄地膜覆盖配合滴灌或管灌等节水技术，小水勤浇，增强瓜株抗病力。⑥露地选地势高燥、通风透光、排水良好的地块栽植，雨后及时排水，防止田间积水，预防早衰。⑦压蔓前田间见到病株要及时挖除。⑧田间发病初期喷洒1%香菇多糖水剂500倍液，或20%吗呱·乙酸铜可溶粉剂300～500倍液＋萘乙酸（2～5mg/kg）＋细胞分裂素600倍液＋硫酸锌0.1%+0.7%复硝酚钠1000倍液＋磷酸二氢钾0.35%混合喷洒，效果好。⑨采收前西瓜基本长足，尚未成熟时用乙烯利水剂100～500mg/kg喷洒未成熟果实，可提早5～7天成熟。

西瓜、小西瓜环斑病

西瓜环斑病是西瓜生产上的重要病害，1965年在美国佛罗里达州发现，后来在墨西哥、加勒比海、南美洲、德国、法国、中东、印度、澳大利亚先后发生，危害不容忽视。1987年我国台湾调查，除瓠子外发病率较高，商鸿生发现大陆制种西瓜发病。

西瓜环斑病病叶（商鸿生）

症状　西瓜果实果面上产生特征性环斑，环纹十分清晰，初黄白色，后变褐色，圆形至近圆形，直径1～2cm，多由3环构成，少数1环或多环，形成一个病斑。西瓜枝端略直立，叶片表现花叶或现黄色斑驳，严重的后期根颈部枯死。有的品种仅果实上出现环斑，茎叶上症状不明显。除为害西瓜、小西瓜、甜瓜外，还为害西葫芦等瓜类蔬菜。

病原　*Papaye ringspot virus* type W（PRSV-W），称番木瓜环斑病毒西瓜型，属马铃薯Y病毒科马铃薯Y病毒属。病毒粒体长丝状，长760～800nm，宽12nm，单分体基因组，核酸为线型正义ssRNA。病毒钝化温度60℃，体外存活期40～60天，稀释限点10^{-5}～10^{-4}。在寄主细胞质内产生典型的圆柱状内含体。该菌除侵染西瓜外，还为害甜瓜、黄瓜、西葫芦、笋瓜、苦瓜等。

传播途径和发病条件　带毒瓜苗、田间带毒自生瓜苗和带毒杂草、有些抗病瓜类的无症带毒，都是重要毒源，在田间病毒通过蚜虫以非持久方式传毒，汁液接触也可传毒。种子不传毒。台湾传毒蚜虫有桃蚜、无肘脉蚜、黄胫黑尾蚜、玉米蚜、芹菜粉蚜、柳双尾蚜、小橘蚜、橘卷叶蚜、黑豆蚜、酸模蚜等。生产上毒源植物多，带毒率高，介体蚜虫密度大，且发生有翅蚜，西瓜品种不抗病，该病易大流行。

防治方法　①减少毒源。发病地区田间卫生要搞好。收获后及时清除病残体、自生瓜苗,清除杂草十分重要。②选用抗病品种。常发、易发病地区开展抗病育种工作。已鉴定出抗病种子资源有 PI 244017、PI 244019、PI 482342、PI 482318 等。可用来做抗源进行育种。③防治传毒蚜虫。参见辣椒脉绿斑驳病和辣椒脉枯斑驳病毒病蚜虫防治。

西瓜、小西瓜丛枝病

症状　西瓜、小西瓜丛枝病初发病时叶片变小,花瓣变绿后迅速变成叶片状,顶部枝梢叶腋处长出大量腋芽,在腋芽上又长出成丛的纤细的不定芽或腋芽,发育成丛枝状,不能结果。

小西瓜丛枝病

病原　*Pepper witches' broom phytoplasma*,称植物菌原体,属细菌界软壁菌门。

传播途径和发病条件　西瓜、小西瓜丛枝病可通过大青叶蝉传播,20 多天后显症,瓜类种植区大青叶蝉多发病重。

防治方法　①及时杀灭传毒昆虫。②必要时喷洒土霉素或四环素 3000 倍液。

西瓜、小西瓜根结线虫病

根结线虫病是保护地西瓜、小西瓜生产上的重要病害,生产上一旦发病,病株率高达 80% 左右,损失较大。一般秋茬发病率高,保护地重于露地,与芦荟、番茄、茄子、芹菜等连作尤重。

症状　该病主要危害西瓜、小西瓜根部,全生育期均可染病,但生产上以苗期染病受害大。病苗叶缘变黄逐渐向叶面扩展,严重的病苗干枯,拔出病根,侧根上产生许多黄色至黄白色至灰褐色大小不一的长圆形串珠状根结。成株发病,初期症状不明显,仅叶色变淡,气温高时中午出现萎蔫症状,严重的病株变矮,叶片垂萎,不结瓜或瓜小,常提前枯死。剖开根结可见很小的鸭梨形和线状乳白色线虫。

无土栽培小西瓜根结线虫病

南方根结线虫会阴花纹（左）和
爪哇根结线虫会阴花纹（右）

病原　*Meloidogyne incognita* var. *acrita* Chitwood，称南方根结线虫1号小种；*M.arenaria*（Neal）Chitwood，称花生根结线虫；*M.javanica*（Treud.）Chitwood，称爪哇根结线虫，属动物界线虫门。南方根结线虫1号小种线虫雌雄异型，幼虫呈细长蠕虫状。雄成虫线状，尾端稍圆，无色透明，大小（1.0 ～ 1.5）mm×（0.03 ～ 0.04）mm。雌成虫梨形，每头雌线虫可产卵300 ～ 800粒，雌虫多埋藏于寄主组织内，大小（0.44 ～ 1.59）mm×（0.26 ～ 0.81）mm。爪哇根结线虫，雌虫洋梨形，平均长1mm，宽0.5 ～ 0.75mm，内藏数百粒卵，在寄主体内营寄生生活；雄虫细长，圆筒形，长1 ～ 1.5mm，宽0.03 ～ 0.04mm，主要在土壤中活动和生活；卵椭圆形或肾脏形，大小0.08mm×0.03mm，在母体或卵囊中发育，孵化后，离开寄主易落入土中；幼虫不分雌雄，侵入寄主后才开始分化出雌雄。爪哇根结线虫有特殊的会阴花纹，其花纹于侧线处有明显切迹，把背和腹之间的线纹隔断，此线沿雌虫体从会阴处延至颈部，有别于南方根结线虫。

传播途径和发病条件　参见薄皮甜瓜、厚皮甜瓜根结线虫病。

防治方法　种植3年以上西瓜，扣棚后提高地温的同时进行氰氨化钙土壤消毒，每667m²先把50 ～ 100kg氰氨化钙与有机肥混合撒在耕作层，定植前7 ～ 10天旋地，开沟，并压土盖膜，密闭5 ～ 7天，揭开地膜后晾2 ～ 4天，即可定植。也可用98%棉隆（必速灭）颗粒剂沟施，按定植行开沟，沟宽20cm、深20cm，在沟内每平方米撒5 ～ 10g后覆土，覆塑料膜，10天后揭膜，松土1 ～ 2次，7 ～ 10天后定植。也可采用铺施法，定植前整平瓜地后浇水，使土壤含水量达到饱和持水量的60% ～ 70%，然后撒施颗粒剂20 ～ 30g/m²，边撒边翻动土壤至15 ～ 20cm深，覆地膜熏蒸7 ～ 10天，揭膜后松土1 ～ 2次，7天后定植西瓜。还可把地整平后把上述药量均匀撒在土壤表面与土壤混匀，浇水，盖膜，4周后揭膜散气，整地定植。

西瓜、小西瓜黏菌病

症状　又称白点病。一般发生在生长前期靠近基部的叶片。初在叶片正面形成淡黄色不规则形或近圆形小斑点，病斑发生在叶缘处或沿脉部位，病斑表面粗糙或略凸起，呈疮痂状，大小1 ～ 3mm，干燥条件下形成白色硬壳，剥开呈石灰粉状。

病原 *Physarum cinereum*（Batsch）Persoon，称西瓜灰绒泡菌，属原生动物界黏菌门。

西瓜黏菌病病叶

传播途径和发病条件 不明，多发生在潮湿、雨水多或施用未充分腐熟有机肥料的田块。

防治方法 ①施用充分腐熟的有机肥，采用测土配方施肥技术。②雨后及时排水，降低田间湿度。③发病初期喷洒40%多菌灵悬浮剂500倍液或1:1:200倍式波尔多液、36%甲基硫菌灵悬浮剂500倍液、50%异菌脲可湿性粉剂800倍液。采收前7天停止用药。

瓜列当为害西瓜、小西瓜

瓜列当，俗称"凶不雅""顶暴客"和"瓜丁"等，我国主要分布在新疆，寄生率高达30%～40%，严重的可达100%。西瓜常因列当危害造成植株萎蔫和含糖量下降，影响商品价值。

瓜列当为害西瓜状

症状 属根寄生，按寄生程度为全寄生，以吸根（又称吸盘）寄生在西瓜根上，吸收西瓜、小西瓜的水分和养分。在瓜田或棚室保护地中，多成串地寄生在瓜株的根上，每株瓜秧上可寄生列当近百株，主要吸收瓜的水分和养分，尤其是对水分的夺取使瓜株萎蔫。

病原 *Orobanche aegyptica* Pers.，称瓜列当，属被子植物门寄生性种子植物。没有真正的根，吸根状似短须，较粗壮，白色至黄白色，不能直接从土壤中吸收养分和水分，而是寄生在西瓜等瓜类植物的根上。瓜列当茎肉质丛生，黄色至紫褐色，分枝多，株高25～45cm，最高62cm。叶退化成鳞片状，缺少叶绿素，无柄，互生，黄褐色，茎上生细茸毛。花左右对称，穗状排列，白色至灰色，多为紫色。果实属蒴果，球形，种子特小，表面具网状皱纹。为害瓜类、茄科、豆科、向日葵、烟草等。

传播途径和发病条件 瓜列当靠种子繁殖，种子借风、流水及人畜携带传播，种子在土壤中生活力达

10多年。散落在土壤中的列当种子，经休眠后遇适宜温、湿度及寄主植物根部分泌物刺激后发芽，先形成丝状幼芽，后插进寄主根部，近根处逐渐膨大成瘤状，形成吸盘，多发生在24～34℃条件下。

防治方法 ①严格检疫，防止疫区扩大。②合理轮作，种植三叶草、苜蓿或实行水旱田轮作，把列当种子深翻至25cm以下，西瓜生长前期勤中耕松土，列当结实以前应彻底清除。③把列当花茎齐地面切断，在切口上滴石油或煤油或饱和食盐水，可使列当根茎腐烂。④药剂防治。用10%草甘膦1份对水5～15倍，涂抹列当花茎有效，连续涂3～4次，注意防止药液溅到西瓜茎叶上。⑤喷异丙甲草胺（都尔）、草甘膦合剂，比例1∶4∶50（水），每株列当用对好的药液25ml，7天后死亡率可达100%。但药前瓜田应先浇水，药液不要溅到瓜株上，施药后1周内瓜地不要浇水，防止药液随水进入瓜株，影响西瓜生长。⑥生物防治。切断列当茎，捣碎后，放在伤口上诱集土壤中的列当枯萎菌（Fusarium oro-banches）和软腐菌（Erwinia sp.）等弱寄生菌，可造成列当枯萎死亡。也可用列当蝇（Phytomyza orobanchia）幼虫取食列当的果实、花茎，减轻列当危害。

西瓜、小西瓜酸腐病

症状 主要侵害半成熟果实，病瓜初为水渍状，后软腐，在病瓜表面上产生紧密的白色霉层，后渐成颗粒状，散发出酸味，造成西瓜腐烂。

西瓜酸腐病病瓜

病原 *Oospora* sp，称一种节卵孢，属真菌界。该菌分生孢子梗与菌丝近似，分生孢子串生在梗顶端，长卵圆形，单胞无色。

传播途径和发病条件 病菌以菌丝体在土壤中腐生，遇有伤口的西瓜就可侵入，产生大量分生孢子，引起发病。在田间借雨水或灌溉水传播，扩展蔓延。结瓜期雨日多、闷热则易发病。

防治方法 ①适时采收。瓜绢螟为害重的地区，要及时防虫，防止瓜造成伤口。②发病初期喷洒10%苯醚甲环唑水分散粒剂900倍液。

西瓜、小西瓜土壤恶化

症状 叶片有硬化感，心叶卷曲，嫩叶、花萼有干尖现象。植株生长缓慢、矮小，叶缘常出现失水性枯边，后逐渐发展成浅褐色枯边或产生障碍性黄化或产生脱水性萎蔫。

病因　我国西瓜地土壤恶化原因有五。一是土壤盐渍化加重。过量施用化肥后，土壤中盐离子增多，土壤pH值升高，使土壤盐渍化加重，妨碍西瓜根系的正常吸水，影响植株生长发育。二是土壤板结。由于施用化肥过多，忽视了有机肥施用，土壤肥力开始衰退，有机质缺乏，透气性下降，好氧性的微生物活性减低，土壤熟化慢，造成土壤板结，西瓜根系发育不良，影响西瓜生长。三是土壤中微量元素缺乏。多年连作的瓜田，吸收土壤中的硼、锰、锌、钼、铜等微量元素较多，生产上没有注意补充微量元素，使土壤中微量元素供不应求，也影响了西瓜的生长发育。四是活土层变浅。西瓜由于效益高，瓜田茬茬相连，多用旋耕机或人工翻耕，长此下去活土层变浅，西瓜根系平伸而无法深扎，不利于西瓜对营养的吸收利用。五是西瓜一季接一季地连作，有的一年连种四茬，使西瓜病虫害在土壤中积累增多，造成根结线虫大发生，根病连年发生，造成土传病害增加或加重。

西瓜田土壤恶化

防治方法　瓜田土壤恶化必须认真对待，采取综合措施进行防治。①轮作倒茬。不能在一块地上年年季季种一种瓜类，必须进行换茬，提倡瓜类与葱蒜类或禾本科作物轮作，可减少连作产生毒素的危害，充分利用肥力。②增施有机肥改良土壤团粒结构，增强土壤透气性和保水保肥能力，使土壤疏松肥沃，缓解土壤盐渍化。必要时连续3年种植瓜类的连作地可施入氰氨化钙（每667m²施80kg）进行高温消毒，可有效改善土壤理化性质。③盐渍化重的瓜田应灌水洗盐或泡田淋失盐分，及时补充因流失造成的钙、镁缺乏等。深翻土壤增施腐熟秸秆等松软物质，加强土壤通透性。④增施腐熟的牛羊粪或鸡粪，每667m²用8000kg，施用时应与土壤充分混匀，防止单一使用化肥。⑤土壤溶液浓度高时，应增加灌水量和灌水次数。

西瓜、小西瓜早衰

症状　西瓜刚刚进入膨瓜盛期，瓜株则表现出生长缓慢，茎节变短，瓜蔓变细，叶片变薄变小，基部叶明显衰弱，称作西瓜早衰。

病因　一是坐瓜节位低，第1朵雌花开花坐果后，由于瓜株生长量不足，叶面积小，光合作用制造的营养物质少，这时营养生长和生殖生长都需要大量养分，很容易造成瓜株早衰。二是施用有机肥数量不足或质量差，西瓜生产上基肥施用量比较大，基肥应以有机肥为主，肥效才能持久，才能不断改善土壤的理化性质。如果基施的有机肥不足，又不能及时补充，就会出现瓜株长势弱或早衰。三是土壤质地原因，如土壤贫瘠或土壤偏沙质，虽通透性好，但易产生肥料分解快或流失，都会造成基肥供应不足，而发生脱肥早衰。四是土壤过黏、地温升高缓慢，或土壤水分过多或过少土壤中的矿物质或酸碱度不适都会造成西瓜生育不良，亦会产生早衰。

西瓜早衰

防治方法　①施足基肥，以厩肥、人粪尿、牛羊粪、鸡粪等农家肥为主，掺入少量氮磷钾化肥。每667m² 施厩肥 7000kg、CM 复合菌剂（有光合菌、酵素菌、乙酸杆菌、芽孢杆菌等）2～3kg、饼肥 100kg、尿素 8～10kg、过磷酸钙 40～50kg、硫酸钾 10～15kg，充分混匀后条施或穴施。②勤施提苗肥。西瓜定植成活后，要及早普施 1 次提苗肥，对小苗、弱苗隔 5～7 天增追 1 次肥，每次追腐熟充分的人粪尿 150～200kg，或三元复合肥

20～25kg，根系发达，生长茂盛。③巧追伸蔓肥。瓜苗长到 5～6 片真叶时进入瓜蔓和叶生长旺盛期，并进入营养生长向生殖生长的转换期，这时如基肥足，瓜苗长势强劲，不要追肥，防其徒长至关重要。如苗势弱，地力差，就要追肥，每 667m² 追施 40% 三元复合肥 20～30kg+硼肥 1kg 或腐熟饼肥 25kg、过磷酸钙 15kg，穴施在距瓜株 10cm 处。④重追结瓜肥，果实长至鸡蛋大小时进行。a. 每 667m² 追施尿素 10～15kg、硫酸钾 5～6kg、过磷酸钙 20～25kg。b. 西瓜坐瓜 1 周，离主根 10cm 处挖穴，每株施腐熟的饼肥 50g+硼肥 0.5g，封土后浇水促幼瓜膨大，浇水要连续进行，每 5～7 天 1 次，连续 3～4 次，直到头茬瓜采收前 7 天停止浇水。c. 根外追肥。根外喷施 0.4% 磷酸二氢钾 + 福尔定 1000 倍液或天达 2116 壮苗灵 600 倍液，或光合微肥 1000 倍液，从坐瓜开始，5～7 天 1 次，连喷 3～5 次，增加产量和提高甜度。d. 合理整枝留瓜。整枝过重或单株留瓜多，就会削弱营养生长或出现早衰，这是获得西瓜高产的关键。⑤提倡采用秸秆生物反应堆栽培西瓜技术防止早衰。可提高西瓜的光合效率和抗病力，提高地温，改善土壤环境，西瓜叶片明显增厚，叶色浓绿，开花早，坐瓜整齐，早熟 5～7 天，增产 20%～30%。a. 秸秆反应堆制作。沟距 80～100cm，挖宽 50cm、深 40cm 的丰产沟，沟底部

20cm，施入 1/2 有机肥和部分化肥与土混匀，然后铺施玉米秸、麦草等作物秸秆宽 20cm，每 667m² 约需秸秆 1500kg，再撒施饼肥和部分化肥后，撒播处理好的菌种，经轻拍振后覆土 10～15cm 浇透水即可。菌种处理方法为每 667m² 需菌种 2kg、麦麸 20～30kg，于施用前 1～2 天加水拌至手握成团，指缝略见水滴为适，堆放在阴凉处，厚度 10～15cm。b. 移载。早熟小西瓜每 667m² 栽 1600～1800 株，采用开沟移栽或穴栽，并施入生防疫苗。方法是开沟或开穴后，需沟撒施或点施处理过的生防疫苗并与土混匀，然后栽植并浇水，生防疫苗每 667m² 用 1kg，处理方法同菌种处理。c. 打孔。移栽覆膜后于西瓜行间打孔，每株 1 孔，孔深以打透草为准，孔径约 3cm，以后随时检查，确保孔的畅通，以利二氧化碳气体放出和外界氧气进入。d. 温度、肥水管理。缓苗后白天气温 25～30℃、夜间 12～16℃，苗期适当控制浇水，保证秸秆生物反应堆的湿润，伸蔓后适当增加，以小水为主，开花坐瓜期不浇，幼瓜鸡蛋大小时方可肥水紧促。⑥采收前西瓜基本长足，尚未成熟时用乙烯利水剂 100～500mg/kg 喷洒未成熟的西瓜果实，可提早 5～7 天成熟。

西瓜、小西瓜黄叶多瓜小产量低

症状　黄叶的主要表现有西瓜授粉坐瓜以后，从底部老叶开始，叶片边缘出现失绿黄化，逐渐向上扩展到坐瓜的节位，造成瓜小，产量低。有的一整棚西瓜没坐住几个瓜，即使有的坐住了，没几天也焦化了。

病因　一是植株营养不良，当遇到低温弱光或过早结瓜，出现营养供不应求，致瓜株内部争夺养分，造成瓜株生长衰弱。二是根系出现生理障碍，影响对养分的吸收，严重时可造成全株死亡。三是肥水供给不足，西瓜坐瓜时遇到干旱或脱肥，造成瓜株瘦弱，基部叶片开始变黄。四是病虫危害。五是前期受低温影响造成花芽分化不良，出现授粉障碍或不坐瓜。

西瓜黄叶多坐不住瓜

防治方法　①全水溶性肥料与养根的功能性肥料配合或交替使用才能提高西瓜根系活性，通过增施生根性肥料、控制土壤水分、改善土壤通透性、提高地温等方式促进根系发育，西瓜定植后可使用阿波罗 963 养根素、顺藤、根佳等生根性肥料。②采用整枝、压蔓等方法调整营养生长和生殖生长的关系，确保根系有充足的营养供应，防止根系提早衰老。③人工授粉与蘸花并行，授粉可形成种子，促进果实后期发育。蘸花可提高坐果率，促幼瓜前期生长，两者结合能促进西瓜提早上市。授粉时选晴天上午 9 ～ 11 时进行。现在进行授粉时，通常是先用坐瓜灵喷花或蘸花，然后再用雄花授粉。坐瓜灵通用名为 0.1% 氯吡脲，每袋 10mg，温度 13 ～ 25 ℃时，每 10mg 对水 0.75 ～ 1kg；温度 26 ～ 30℃时，每 10mg 对水 1 ～ 1.5kg；30℃以上时，每 10mg 对水 2kg。浓度过大易裂果。建议 1 朵雄花给 2 朵雌花授粉。留瓜节位，一般选第 2 朵雌花，即茎蔓中间。合理的整枝和适当节位留瓜是调节西瓜生殖生长和营养生长矛盾的主要方法。④及早追肥，防止早衰。西瓜全生育期对钾肥需要量最大，氮次之，磷最少，氮、磷、钾比例是 3.28：1：4.33。⑤坐不住瓜的，可打头留侧蔓，结回头瓜。从根部剪掉 1 ～ 2 根侧蔓，只留 1 根蔓，再把这个蔓上的所有侧蔓打掉，并从这根蔓 1.5m 处掐尖，掐掉生长点，只能进行光合作用制造养分。这时再留蔓从根部萌发的侧蔓进行结瓜。若根上已无小蔓，打头后的茎蔓还是无生长点，2 ～ 3 天根部还能长出新的蔓，这时要追肥和浇水或喷叶面肥，在长出的新蔓上还会长出小蔓必须及时去掉，十几天后，又长出雌花，要在第 2 个雌花处及时授粉，用坐瓜灵蘸瓜胎留瓜提高坐瓜率。低节位留的瓜膨瓜慢，产量低；

高节位留瓜成熟迟、瓜皮厚。坐住瓜后把老蔓剪掉，保留新蔓，如管理得好，产量也不低。

西瓜、小西瓜叶白枯症

症状 西瓜进入果实膨大期后，基部叶片和叶柄的表皮硬化、粗糙，叶片绿色变浅，逆光观察可见叶脉间生浅黄色斑点，几天后产生一层白霜，叶片变得凹凸不平。

病因 系生理病害，与整枝打杈、侧蔓摘除节位高低有关，摘除节位越高越易出现上述症状，气温过高且持续时间长，发病重。

西瓜叶白枯症产生白霜

防治方法 ①及时摘除侧蔓，从瓜株基部起，摘除 10 节以内的侧蔓。②对前几年发病重的瓜田施用充分腐熟的有机肥或生物有机肥或三元复合肥。也可在结瓜期喷洒喷施宝多功能腐植酸叶面肥，用量为 5ml/667m^2，对水 50 ～ 55kg，隔 15 天 1 次。也可在坐瓜期叶面喷洒依露丹 N16-P8-K34 高钾型全营养水溶肥 500 ～ 800 倍液，隔 7 ～ 10 天 1 次，连喷 3 ～ 4 次。

嫁接西瓜、小西瓜急性凋萎病

近年西瓜、小西瓜嫁接防治枯萎病推广面积越来越大，嫁接不仅能有效防治西瓜枯萎病，而且增强根系耐低温能力，对西瓜耐热性、耐旱性、耐湿性都有改善，但在生产中常常出现凋萎症，尤其是急性凋萎症、枯萎症及栽培管理不当引起的凋萎症。

症状　急性凋萎症主要发生在嫁接西瓜坐果前后至果实成熟期，尤其是收瓜前 7 ～ 10 天，生产上遇有连续阴雨弱光，造成瓜株根和茎叶机能减弱，容易发生凋萎。病株白天萎蔫，夜间稍有恢复，3 ～ 4 天后，加重乃至枯死，未死的病株茎基部畸形膨大，维管束堵塞，水分运输受抑，造成茎叶脱水而凋萎，似枯萎病，但检测不出枯萎菌。根颈部维管束不发生褐变，有别于枯萎病。

西瓜急性凋萎病

病因　一是砧木选择不当。现已发现京欣砧 1 号、白籽南瓜新土佐、全能铁甲不易发生急性凋萎，而南砧 1 号、黑籽南瓜及葫芦砧易发病。此外，冬瓜类砧木对急性凋萎症也有较强抗性。二是从嫁接方法来看，劈接法较插接法容易发病。三是与西瓜、小西瓜坐果数量和整枝方式有关。西瓜、小西瓜坐果数多的，果实与根系间养分竞争激烈，急性凋萎病发病率高；生产上随西瓜果实膨大，根吸收活性下降，影响根系肥水吸收，而叶片的蒸腾量随叶面积增大而提高，当根系吸收水分不足时，造成叶片发生萎蔫。生产上过强整枝的，同化养分不足，果实膨大受抑，同时也抑制了西瓜根系的生长，根系活性下降，发生凋萎症。四是环境条件。引发急性凋萎的因素主要是地温和光照，地温高于 35℃ 时，根系出现高温障碍，造成根系活力下降，吸肥能力差，易发生急性凋萎。强光照伴随高温，造成茎叶蒸发速度快，易引起急性凋萎。阴雨天气多、持续时间长、光照不足或弱光持续时间长也会加剧葫芦砧、南瓜砧急性凋萎病的发生，引起根、茎、叶的功能下降，造成急性凋萎。五是嫁接时嫁接接合面小的易发生急性凋萎。这是因为嫁接时砧木与接穗的导管形成数量少，接合面小，造成导管连接差，影响同化物质传送和矿物质吸收，尤其是生长后期坐果多的水分供不应求时易产生急性凋萎。六是嫁接时西瓜苗已感染枯萎病。

防治方法　①选用合适的砧木和西瓜、小西瓜优良品种。抗枯萎病又不易发生急性凋萎的砧木，以南瓜类砧木为优，葫芦类砧木、西瓜共砧居次。生产上优良的抗病砧木有青砧1号、全能铁甲F1、抗病超丰等。②提倡采用插接法，常较靠接法、劈接法抗凋萎病效果好。并注意及时把嫁接苗中西瓜自根苗的根断掉，定植时嫁接口要高于地面1.5～2cm，防止接穗产生不定根形成自根苗，抗病性丧失。③药剂防治。于西瓜凋萎病发生初期浇灌70%噁霉灵可湿性粉剂1500倍液，每株250ml，隔7～10天1次，共灌3次。④加强田间管理，多雨季节及时排水，供水均匀。防止坐果过多，整枝时确保坐果的叶数，保持茎叶适度繁茂，使水分蒸发减少，通过以上措施增加根系吸收能力。生长后期土温高时，可覆草、控制氮肥过量、压蔓明压。果实膨大期，叶面喷施1%硫酸镁溶液，可防止西瓜急性凋萎。⑤西瓜初花期喷洒0.004%芸薹素内酯水剂1000～1500倍液，隔10～15天1次，连喷2～3次，促进光合作用，增加产量。也可在采收前基本长足尚未成熟时，用乙烯利水剂100～500mg/kg喷洒未成熟的西瓜果实，可提早5～7天成熟。

西瓜苗期砧木子叶烂瓣和嫁接口腐烂

症状 西瓜苗期子叶边缘有圆形或半圆形褐色病斑，外围有清晰的黄色晕圈或产生茎部缢缩，这都是西瓜苗期炭疽病的症状。是由炭疽菌侵染西瓜砧木或接穗子叶引起的真菌病害。

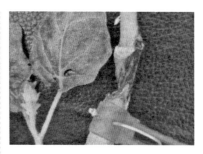

嫁接西瓜苗发病

西瓜苗嫁接口腐烂：西瓜嫁接苗定植后总是出现死苗，先从嫁接口那些地方开始腐烂，一捏像泥似的。这种病昌乐县大面积发生过，是一种细菌从嫁接口侵入造成的。嫁接时操作不当或灭菌不好，定植后嫁接西瓜苗在缓苗过程中抗病力下降，病菌开始扩展出现水烂。

病因 西瓜苗嫁接口腐烂病原为 *Pectobacterium carotovorum* subsp. *carotovorum*，称胡萝卜果胶杆菌胡萝卜亚种。

传播途径和发病条件 苗期砧木子叶烂瓣：一是受天气影响棚内光照弱，二是棚内低温高湿适合炭疽病发生，嫁接苗抗病性差，造成该病流行。嫁接口腐烂：嫁接苗是一种很细致的工作，嫁接应该在无菌条件下操作，当无菌条件达不到时很易造成细菌感染，嫁接苗移栽到大棚中后，由于湿度大，嫁接口易感染而发病，造成嫁接口腐烂。

防治方法 ①防止苗期烂瓣，控制棚内湿度不要太高，防止烂瓣发生。②发病初期喷洒10%苯醚甲环唑 1500 倍液或 25% 咪鲜胺乳油 1000 倍液或 32.5% 苯甲·嘧菌酯悬浮剂 1500 倍液。③防止西瓜苗嫁接口腐烂：主要是强调西瓜嫁接必须进行无菌操作，之前对穴盘及空间表面消毒可用 20% 辣根素水乳剂，每 $667m^2$ 用 1L，对 3 ～ 5L 清水，对空喷雾密闭熏蒸 4 ～ 6h。育苗基质消毒可用移动式臭氧农业垃圾处理装置熏蒸处理或每立方米用 20% 辣根素水乳剂 10 ～ 15ml 密闭熏蒸 12h，后散气 1 ～ 2 天，才可进行嫁接，嫁接人员考核合格后才能嫁接。嫁接前 1 ～ 2 天对砧木苗、接穗苗喷 75% 百菌清 750 倍混农用硫酸链霉素 1500 倍液，上午 10 时前喷药，可预防腐烂。嫁接结束后再用 90% 噁霉灵 3000 倍液混根佳 500 倍液灌根，定植大棚后再喷 72.2% 霜霉威 800 倍液混 3% 中生菌素 800 倍液，同时加入光合动力叶面肥 500 倍液。

西瓜、小西瓜整棚出现大面积黄化

症状 西瓜叶片黄化不是个别植株，也不是点片发生，而是整棚大面积发生，坐瓜前长势正常，一旦坐瓜后就大面积出现这种情况，大棚两侧比中间黄化严重，用手触摸黄化叶片，感觉硬挺刺手，栽培上进入膨瓜期冲了 2 次高钾型水溶肥促膨瓜。一直喷着叶面肥不但没解决问题，反而黄化越来越严重。

病因 李跃深分析病因：一是根系弱，大棚两侧比中间黄化严重就能说明问题，因为西瓜生长前期大棚两侧的温度要比中间低导致扎根不良，根系相对较弱，后期进入膨瓜期不能满足植株整体营养需求造成黄叶发生。此外，植株坐瓜后和进入膨大期后由于瓜的快速膨大而争夺了大量养分，此时土壤养分供应达不到其正常需求量，因此产生了瓜与瓜秧争夺营养的现象，表现出底部叶片严重黄化。黄化叶片表现出营养被吸走的症状，随着瓜的不断生长，症状不断加重。二是钾与镁发生拮抗作用，钾过量导致镁吸收不足。西瓜果实膨大需要有大量钾肥，生产上早期施用底肥时，常常选用含钾量很高的肥料，却忽略了含磷、中微量元素等肥料，或者把钾肥施用在磷肥、镁肥之前，由于钾对镁有很强的拮抗作用，所以钾肥过量时，就很容易发生缺镁症状，出现黄叶。三是喷药过勤，进入夏季白粉虱、蚜虫频发，增加喷药次数造成老叶不断接触药剂，时间长了造成叶片发生衰老黄化。四是叶面肥喷施过量。起初西瓜有少量黄叶，因喷叶

西瓜出现大面积黄化

面肥得到救治，菜农越发频繁喷洒微量元素叶面肥，浓度也较高，时间长了叶片承受不了逐渐变黄、发干、发脆。

<u>防治方法</u>　①前期注意养根护叶，缓苗期随水冲施根宝贝、根佳等功能性肥料，促进生根，缓苗后适当控水，促根深扎，同时喷施氨基王金版等氨基酸类叶面肥 1000 倍液。②合理用肥以有机肥和生物菌肥为主，膨瓜期冲施硅肥，每 667m² 用 1 ～ 2kg，或果丽达、速滕新秀等高钾型水溶肥 5kg，既能补氮磷钾养分，还可补充各种螯合态中微量元素。③喷药补肥要适度。防治白粉虱建议设置粘虫板，有条件的设置防虫网，同时喷洒吡虫啉＋螺虫乙酯（亩旺特），或噻虫嗪等进行防治。叶面肥建议施氨基王金版等氨基酸的叶面肥缓解黄叶。

西瓜、小西瓜土壤盐渍化障碍

<u>症状</u>　瓜株生长缓慢，矮化，叶片颜色深绿，叶缘逐渐出现失水性枯边，后变成浅灰色至浅褐色，扒开表土可见西瓜根系有沤根现象，后期地上部出现脱水性萎蔫，严重时造成死棵。

<u>病因</u>　在重茬或连茬种植瓜类地块，土壤有机肥施用不足、长期大量施用化肥的地块，易出现硝酸盐在土壤中逐年积累，造成肥料中的盐分在西瓜根围集中，土壤水分压力变小，瓜株内各种养分输导吸收困难，

瓜株生长缓慢，植株周围根压过小，就会出现向瓜株吸水造成局部水分倒流，这时正值夏季的高温季节，无论是露地或大棚西瓜都处在坐瓜阶段，水分蒸发量大，出现水分、养分不足，就会产生上述症状，叶缘出现枯干，这就是盐渍化产生的原因。

西瓜田土壤盐渍化

<u>防治方法</u>　①西瓜轮作倒茬，土壤有机质养分能有效吸收和积累能收到事半功倍的效果，最好 2 ～ 3 年轮作 1 次。②改良土壤，增施有机肥，尽量不用易导致土壤盐渍化的化肥，氮肥过量的地块增施钾肥或施用田植养速溶螯合中性肥，能调节酸碱性至中性，缓解土壤盐渍化。③重症地灌水洗盐，泡田淋盐，也可在大棚歇棚期大水漫灌以水洗盐，或把棚膜揭掉利用降雨淋盐。④利用秸秆还田松化土壤技术，把粉碎好的玉米秸秆与有机肥混合发酵后铺施到田中，是改良盐渍化土壤的关键措施，应大力推广。⑤种植绿肥，绿肥可以吸收土壤中过高的盐离子，改良土壤，这一点对于盐害严重的棚室最为关键。绿

肥有机质含量丰富，且多为易分解的有机质，如蛋白质、糖分等，难分解的纤维素、木质素等含量少，翻入土壤后，可在短时间内促生大量的有益微生物，改善土壤微生物平衡，抑制病原菌繁殖，并促进土壤结构的改善，提高土壤保水保肥及供肥能力。绿肥种类多样，可以按照自己棚室内的情况，选择适合自己的绿肥种类，以达到不同的目的。如棚室内盐害严重，可以种植菠菜等。绿肥用种量要比一般栽培多一些，如油菜每 $667m^2$ 用种量为 $1 \sim 2kg$，菠菜每 $667m^2$ 用种量 $4kg$。棚室土壤肥力充足，日常管理中只需要保证浇足水就可以，省时省力。绿肥要适时翻压，可以在下茬西瓜定植前 20 天左右进行，翻压深度以 $10 \sim 20cm$ 为好，此时可将下茬西瓜所用的肥料提前施入，一起翻入土壤，并浇水保证合适的土壤湿度，促进绿肥尽快腐烂分解。西瓜定植前，还要将土壤深翻一遍，以提高土壤透气性，增加耕层深度，然后起垄作畦，定植下茬西瓜。⑥提倡穴施生物菌肥。可明显改善土壤，防止土传病害侵染根系。

西瓜、小西瓜防早衰提高精品瓜率

　　早春茬拱棚西瓜一般在 1 月底至 2 月底定植。

　　留瓜节位要选好，春季主栽品种京欣一般在第 12 片叶左右长出第 1 朵雌花，以后每隔 $4 \sim 5$ 片叶出 1 朵雌花，生产上从第 2 个雌花开始授粉，可抢早上市，若留瓜节位偏低，果实膨大缓慢，产量就会受到影响，若是留瓜节位偏高，上市时间也会受影响。第 1 个瓜坐住后及时摘除留第 2 个瓜，子蔓不让其结瓜，这样能防止早衰。西瓜长到鸡蛋大时，及时补肥，$667m^2$ 施尿素 $40kg$、磷酸二氢钾 $5kg$，以水送肥。以后根据瓜株长势再追 1 次，也可喷施氨基酸油质光合动力叶面肥 500 倍液。早晚气温低时浇水确保土壤墒情。

　　授粉与喷花结合，提高坐果率，进入 3 月就要开始授粉了，过去都是通过人工授粉促进坐瓜，但在生产中有时会遇到连阴天，就会耽误一茬花，损失就大了。现在提倡人工授粉与喷花同步进行，以提高坐瓜率，采用人工授粉可形成种子，促进西瓜后期发育，商品性高；如采用喷花有利于提高坐瓜率，促进幼果前期生长，看来两者同时进行既可促进西瓜提前上市，又可提高经济效益。

防早衰提高精品瓜率

　　授粉时间尽量选择晴天上午 9 ~ 10 时，这时雌花柱头和雄花花粉生理活性高，是人工授粉的最佳时间。如果时间过早花药尚未开裂、雄花上缺少花粉，授粉质量不高，进入中午花冠颜色变浅开始关闭，容易产生畸形瓜，授粉应在 7 天内做完。

蘸花药浓度要掌握好；现在西瓜授粉时一般都用 0.1% 氯吡脲可溶液剂（又叫坐瓜灵），每袋 10mg，气温 13 ～ 25℃时，每袋对水 0.75 ～ 1kg，气温 26 ～ 30 ℃ 时 对 水 1 ～ 1.5kg，30℃以上时对水 2kg，授粉时先用氯吡脲喷花，然后再用雄花授粉。授粉结束后不要马上喷药防止影响授粉质量，或引发化瓜。

早防病虫害，根据西瓜易发病的情况，在发病前或发病初期出现炭疽病，可喷洒 50% 福 - 福锌可湿性粉剂 400 倍液或 50% 醚菌酯悬浮剂 2600 倍液。对于西瓜枯萎病浇灌 25% 咪鲜胺乳油 800 倍液或 50% 异菌脲可湿性粉剂 1000 倍液。

西瓜、小西瓜裂瓜

症状　2005 年笔者对北京大兴、顺义、平谷等地西瓜裂瓜问题进行了调研，生产上小西瓜较大西瓜裂瓜现象严重，大西瓜中果皮薄的品种也时有发生，顺义北务镇闫家渠 2 亩（$1.3 \times 10^3 m^2$）大西瓜近成熟期裂瓜数量超过了 30%，损失惨重。裂瓜多发生在生长后期至采收前期，常表现为横向或纵向不规则开裂，有的从花蒂处产生龟裂。

小西瓜裂果

病因　西瓜、小西瓜裂瓜可分为生长期裂瓜和采收期裂瓜。生长期裂瓜：一是品种原因，有些品种裂瓜率高，部分皮薄、质脆、小果型的品种容易裂瓜；二是坐瓜之前土壤干旱时间较长，膨瓜期突然大量浇水或遇大雨造成裂瓜；三是果实发育初期遇低温发育缓慢，气温升高后迅速膨大引起裂瓜；四是膨瓜期偏施过多氮素化肥，瓜皮生长慢于瓜肉也常造成裂瓜；五是一些劣质肥料中复硝酚钠等植物生长调节剂含量较高，长期在田间积累，这也是西瓜、小西瓜果实开裂的影响因素。

防治方法　①选用抗裂性强的西瓜品种，如抗裂京欣、好运京欣、西农大霸王、豫芝 15 号、永丰 1 号。②西瓜田进行深耕，促进根系发育、吸收耕作层底层水分，并采用地膜覆盖保湿，可减少裂果。③科学整枝留瓜。小果型易裂品种可适当多留 1 ～ 2 条蔓，减少营养物质使其向果内运送，防止单瓜膨大过快引起裂瓜。如田间已出现裂瓜，对长势旺的瓜株可在瓜前 3 ～ 4

片叶处，对瓜蔓进行挤压，也可顺蔓纵向剖开一小段，疏散营养物质使其向幼瓜集中运输；结瓜部位功能叶片生长势强的，可以摘除部分叶片，减少营养物质积累，防止幼瓜短期生长过快而裂瓜。田间定瓜时选留瓜脐小、果型好的幼瓜留下，瓜脐大的脐部韧性小，易出现裂瓜。④膨瓜期浇水及追肥管理，西瓜幼瓜苹果大小时要及时浇膨瓜水，但水量不要过大，同时每 667m² 随水冲施高钾复合肥（N18-P6-K26）10 ～ 15kg，结合施钙伽力或金克拉，对预防裂瓜、增加糖分有明显效果。对留二茬瓜的大棚，在头茬瓜采摘后每 667m² 追施三元复合肥（N15-P10-K20）10 ～ 15kg，对增加土壤透气性、提高二茬瓜的产量有明显效果。

西瓜、小西瓜化瓜

症状 西瓜、小西瓜进入开花授粉结果期以后，幼果发育到一定时间后慢慢停滞下来，直至停止生长，从瓜蒂开始褪绿或变黄，致果实一部分变褐挂在瓜株上，一般不脱落。

小西瓜化瓜

病因 一是授粉困难。西瓜、小西瓜为雌雄同株异花作物，如花期遇阴天、雨天，花粉吸湿破裂，或花期提前，昆虫少，雌花不能正常进行授粉，使子房不能膨大生长而脱落。二是雌花或雄花不正常。如柱头过短、无蜜腺、花药中无花粉或雌蕊退化等，均会引起西瓜化瓜现象的发生。三是花期土壤水分过多或过少。水分过多，使茎叶旺长，子房因营养不良而化瓜；水分过少，又使植株亏水而落花。四是气候不利。花期温度过高或过低，都不利于花粉管伸长，使受精不良，引起落花；光照不足，使光合作用受阻，子房因处于暂时饥饿状态而化瓜。五是营养生长与生殖生长出现矛盾。西瓜、小西瓜开花坐果期是营养生长和生殖生长（结瓜期）共存期，并由营养生长为主向生殖生长转变。伸蔓如果营养供应过剩瓜苗出现旺长，顶端优势过强，到开花、坐果时则不能完成由营养生长为主向生殖生长为主的转变，造成雌花质量差，竞争养料能力差，西瓜、小西瓜授粉受精后幼果不膨大或发育缓慢，造成化瓜，也是坐果率低的原因之一。

防治方法 ①把好育苗关，育苗时创造有利于西瓜花芽分化的条件。子叶出土期苗床白天保持在 20 ～ 25℃，夜间 13 ～ 18℃，有利于花芽分化和低节位形成正常的雌花和雄花。②进入伸蔓后期适当控制肥水。西瓜伸蔓后 30 天左右第 1 雌花开放，为使营养生长顺利向生殖生长转化，伸蔓后20天左右开始控制肥水，同时结合整枝，使瓜秧壮而不旺，形成高素质的雌花，提高坐果率。③提倡采用西瓜测土配方施肥技术，按西瓜、小西瓜营养生长和生殖生长需要组方。在西瓜果实中以钾最多，氮次之，磷最少。西瓜不同生育期对氮磷钾要求不同，发芽期为6.7∶1∶2.7，苗期为3.2∶1∶2.8，抽蔓期3.6∶1∶1.7，坐果期0.4∶1∶1.9，果实生长盛期为3.4∶1∶5，看来西瓜生长前期以氮肥为主，果实生长盛期需钾量猛增，生产上要按西瓜吸肥特点施肥。定植前每667m²施基肥5000kg，混入30～40kg过磷酸钙、5～7.5kg硫酸钾，把混合后基肥的3/4施于西瓜定植沟内，深翻40cm以上与土混匀，另1/4撒于畦面与表土耙匀。追肥于定植后7～10天，在定植沟内撒施尿素2～3kg与表土混匀后浇水。团棵期每667m²施硫铵30kg、硫酸钾10kg。西瓜是主蔓结瓜，每株1瓜，在雄花开放至坐果前还需再追肥1次，每667m²用硫铵5kg、硫酸钾5kg，以满足果实迅速膨大期对营养的需求，防止化瓜。④小型西瓜生长势旺，一秧多瓜，需要充足的养分，生产上京秀坐瓜较京欣1号难，甩蔓期需提早浇肥水，坐果后严格控秧，保持土壤湿度40%～50%，白天温度25～28℃，夜间18℃，以利于西瓜、小西瓜由营养生长向生殖生长转变。⑤创造有利的坐果环境。进入开花坐果期，棚内温度控制在22～30℃，相对湿度80%～95%，光照充足，利其完成授粉，提高坐果率。生产上棚温高于35℃或低于15℃，湿度低于50%或达到饱和会严重影响花粉萌发，要设法避免。⑥人工授粉提高坐果率。西瓜进行人工授粉坐果率可提高80%～90%，增产10%～15%。方法是在西瓜雄花、雌花都正开放时，于上午6～9时摘下雄花，剥去花瓣，轻轻地把花粉涂在雌花柱头上，每朵雌花可涂4朵雄花。⑦点蘸萘乙酸。先取1g萘乙酸，用50g酒精溶解，兑24kg水，配成40mg/kg的浓度，用干净毛笔或小喷雾器，蘸涂或喷雾至核桃大小的幼瓜上，蘸湿即可，可防止幼瓜脱落。⑧喷细胞分裂素。于瓜蔓5～8节时，进行第1次喷雾，喷第1次后，花蕾集中，进行第2次喷雾；以后隔5天喷1次，共喷4次。配法是每次将50g细胞分裂素溶化在25kg清水里，第1、第2次每亩用对好的水溶液25kg，第3、第4次用50kg水溶液。⑨将低浓度赤霉素（20～30mg/kg）喷在核桃大小的幼瓜上，提高坐瓜率。方法是先取1g赤霉素，溶解在50g酒精中，然后兑30kg凉开水，配成25mg/kg的水溶液，用小喷雾器喷瓜，3～5天幼瓜长大。⑩轻捏瓜蔓防化瓜。出现旺长的瓜株，茎蔓粗壮，幼瓜坐住后生长缓慢，易产生化瓜。若在幼瓜上端即靠近生长点的一端距幼瓜2～3片叶的茎蔓上轻捏一下，以捏扁为度，可抑制营养向生长点输送，可防止茎蔓旺长，促进幼瓜生长，防止化瓜。⑪茎蔓适时摘心，当瓜农看见西瓜长到鸡蛋大时就以为这个瓜留住了，结果过早地给茎蔓摘心，这在长势正常的瓜株上是可行的，但对长势旺的来说，则需要等幼瓜长到鹅蛋大小时，瓜皮颜色变暗时才可将茎蔓摘心，长势旺的植株若摘心过早，容易产生裂瓜，成瓜率下降。

西瓜、小西瓜空心病

　　近年该病在浙江、河南等地的西瓜产区发生普遍，轻者影响品质，重则失去商品价值。2004 年浙江缙云县，其发病面积达 $50hm^2$，占全县西瓜种植面积的 15%，减收 80 万元。

　　症状　西瓜果实内果肉出现空洞，或开裂出现缝隙。常出现横断空洞果和纵断空洞果两种类型。从西瓜果实的横切面上观察，从中心沿子房心室裂开后出现的空洞果是横断空洞果。从纵切面上看，在西瓜种子部位，果胶质不发达，与外侧果肉之间产生空隙或开裂的果实称纵断空洞果。空洞果皮厚，表皮上有纵沟，糖度略高。

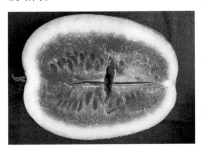

西瓜空心病

　　病因　一是西瓜遇到干旱或低温时，内部养分供应不足，种子周围不能自然膨大。后期若遇到长时间高温，果皮继续发育，形成横断空洞果。在果实发育成熟期，如果浇水过多，种子周围已经成熟，而另一部分果肉组织还在继续发育，发育不均衡就会产生纵断空洞果。二是土壤中缺硼。西瓜缺硼时影响西瓜体内碳水化合物的形成和运转，造成根尖和茎的生长点分生组织受害死亡，吸收能力受阻造成茎顶端枯死。缺硼又会影响西瓜对钙的吸收，随之表现出缺硼缺钙的症状，出现幼叶叶缘黄化，叶的内部上拱，边缘向下弯曲，整个叶片呈降落伞状；有的植株顶端一部分茎蔓变褐枯死，也可引发空心病。

　　防治方法　①选用安生 7 号等不易空心的西瓜品种。合理安排茬口，必须进行轮作。②采用测土配方施肥技术，把硼砂与适量泥沙或土杂肥混匀，于翻耕前撒施，也可开条沟均匀施入作基肥用。小西瓜每 $667m^2$ 施硼砂 0.5kg，中晚熟大果型西瓜每 $667m^2$ 施入 1kg 即可，西瓜、小西瓜对硼敏感，不宜过多。③加强田间管理，注意使西瓜、小西瓜在适宜的温度条件下坐瓜和膨大，遇低温、肥料不足、光照较弱的条件时，可适当推迟留果，采用高节位留果。坐果后需进行适当整枝，一般西瓜品种采用"1 主 2 侧 3 蔓"整枝法，瓜进入膨大期则停止整枝，并注意疏掉病瓜、多余瓜，调整坐果数量。④应急时也可在西瓜果实膨大期，用 0.2% 硼砂水溶液进行叶面施肥，或西瓜花期、结果期各喷 1 次 25% 甲哌鎓水剂 2500 倍液，以使早开花多结瓜。

西瓜皮厚

症状　西瓜皮厚也是生产上的大难题，不少西瓜产生空心、厚皮，除了品种因素，主要是栽培因素。成了西瓜生产上的老大难。症状参见西瓜、小西瓜空心病的瓜皮。

病因　一是气候因素。西瓜膨果期连阴天多，棚内低温寡照，就会产生厚皮瓜。二是瓜蔓生长不良。瓜蔓因缺水肥或受病虫为害造成营养生长不良或留瓜节位偏高易出现厚皮瓜。三是授粉不匀。在授粉过程中，若雌花接触花粉少或一侧偏少，容易造成后期形成厚皮瓜。四是氮、磷、钾施用过量。氮过量易旺长，果实获得营养少；磷过量时会造成西瓜呼吸作用大大增强，消耗西瓜体内储存的糖分和能量易产生秕籽。

防治方法　①选用薄皮西瓜品种。②加强西瓜苗期管理，培育壮苗，第 4 片真叶出现时喷施含硼的氨基酸类叶面肥，优化花芽分化，为后期生产精品西瓜创造条件。③坐瓜期注意调控棚内温湿度，白天 30 ～ 35℃，最高不超过 40℃，最低不低于 25℃，防止干旱，提高授粉质量。④西瓜膨瓜期，防止棚内干旱，忽冷忽热，注意减少氮肥使用量，严防旺长。加强养根护蔓，平衡瓜株长势，防止早衰。⑤科学合理使用 0.1% 氯吡脲（坐瓜灵），在西瓜开花当天或开花后 1 ～ 2 天，用 0.1% 氯吡脲可溶液剂 50 ～ 100 倍液涂抹瓜柄或喷洒瓜胎，具有提高坐瓜率、增加产量、提高糖度、降低西瓜果皮厚度的作用。

西瓜、小西瓜空秧

症状　西瓜植株上没有坐住西瓜，称为空秧。

小西瓜空秧

病因　栽培措施不当或环境条件不好都会引起西瓜、小西瓜空秧。一是播种期不当。虽然西瓜、小西瓜从 3 月到 7 月均可分期播种，但由于季节的变化，播种期越迟的，雌花着生的节位越高，播种时苗期温度高，雌花分化的节位也相应提高，造成坐瓜困难，就会引起空秧。二是西瓜、小西瓜栽培过密，田间郁闭。植株生长旺盛又正值多雨高温季节，叶片相互重叠使植株间郁闭程度加大，光照不足而产生落花和化瓜，也会引起空秧。三是田间管理跟不上。不掐尖，不打杈，杂草丛生，造成田间郁闭、通风透光性能降低、光照不足、土壤湿度过大，导致落花和化瓜，也常引起空秧。四是偏施氮肥，营养生长旺盛。整个植株生长过旺，导致植株群体内相互荫蔽，光照减弱，从而影响叶片光合作用的进行，营养生长延长，贪青不能转入生殖生长，子房发育不良，影响受精，造成落花和化瓜。生产上水肥管理不当，西瓜开花及坐瓜前追肥浇水，使植株体内水肥代谢过旺，营养生长旺盛而产生落花和化瓜，还会引起空秧。五是西瓜、小西瓜花期遇高温干旱，植株养分及水分供应不足引起营养生长不良。营养面积小造成植株生长瘦弱，子房发育不良或瘦小，影响正常受精而发生落果和化瓜。或西瓜开花期间低温导致花粉败育不能正常受精，或阴雨天影响媒介昆虫的活动而不能正常授粉，或雨水落到雄花的花药和雌花的柱头上导致花粉粒破裂，不能萌发，丧失受精的能力而不能受精都会产生"空秧"。

防治方法 ①栽培技术防治法。a. 从培育壮苗入手，防止花芽分化阶段的高温，降低雌花分化的节位，促进提早坐瓜。以气温不超过25℃为宜。b. 西瓜蔓期遇多雨高湿天气，必须及时掐尖、打水杈，以增强通风透光性能；或在主蔓第4～6片叶掐掉主蔓顶端，以促进侧蔓坐瓜防止"空秧"。c. 采用西瓜测土配方施肥技术，做到有机肥、无机肥和氮、磷、钾、钙等肥料配比合理，要求养分全面、均衡供应、缓急相济。生产上发现因偏施氮肥而出现疯长

的西瓜田或植株，应在雌花出现后隔1～2节掐尖，同时在坐瓜期要增施磷、钾肥以协调养分平衡，控制营养生长，促进生殖生长，提高坐瓜率。②加强管理。a. 在苗期要浇发棵水、追施发棵肥，以加大营养面积，促进营养生长和生殖生长。生产上每667m² 追施尿素10kg、硫酸钾10kg。旱天追水肥，雨天追粒肥。浇水多少视土壤水分状况而定。开花后及定瓜前不要大水大肥浇灌，以免催落幼瓜而产生"空秧"。b. 花期遇高温干旱，造成植株生长不良，进入开花期没有花粉或花粉发育不良、不能正常受精而落花和化瓜产生空秧的，用浓度为0.5%的磷酸二氢钾水或磷肥灌根，或大水浇灌改变空气及土壤湿度以改善田间小气候，促进花粉发育而提高受精率，或用多籽西瓜的花粉授粉防止落花和化瓜"空秧"。c. 因高温干旱，瓜蔓长到3～5m时如果仍无雌花，就应立即将三蔓剪掉，每蔓留1.5m长，然后在初花期和结瓜期喷洒25%甲哌镒水剂2500倍液，促早开花或促使再发新蔓，在新蔓上留瓜，防止"空秧"。d. 西瓜开花期用1%萘乙酸水剂500～1000倍液喷花，可促进坐果，防止落花；或幼瓜250g 大小时，喷15%吲熟酯乳油4000倍液，抑制瓜蔓生长，使其早熟7天。

西瓜、小西瓜肉质恶变果

又称塌瓢、紫瓢病。主要危害西瓜果实，发病株率5%～20%，严重

地块高达 70%，失去食用价值和商品价值。

症状 结紫瓤瓜的植株，根、茎、叶均与正常瓜株无异，敲击瓜时声音发闷，似敲打软木的扑扑声，有别于正常成熟瓜和生瓜。剖开病瓜可见瓜瓤呈紫红色，浸润状，果肉绵软，散发出酸甜气味。从病瓜外观上看，仅可见瓜蒂部颜色呈深褐色，瓜把的茸毛脱落较健瓜早。

小西瓜肉质恶变果病果放大

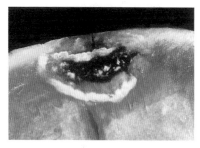

西瓜肉质恶变果果肉恶变

病因 生产上多发生在早春保护地，是一种生理性病害。该病害主要是在西瓜转色期浇水后，遇高温高湿造成"蒸瓜"而形成的。机理是高温高湿促使果肉内产生过量乙烯，引起西瓜呼吸异常，加快了成熟进程，

致瓜瓤肉质劣变。生产上皮薄、质脆的品种发病重，如京欣系列品种。皮厚质硬的品种发病轻，如金钟冠龙、新红宝、黑皮瓜系列品种。大棚该病发生重于露地。生产上有些发病早的瓜株，叶蔓完好，遇 1 周连续低温天气，部分病瓜瓜肉可恢复正常。

防治方法 ①采用测土配方施肥技术，氮磷钾应按 3∶1∶4 的比例施用，提高抗病力，追肥时严禁使用尿素。②平整瓜地，要求把棚内整平，做到排灌顺畅，无积水，可减少棚内湿度，以减少紫瓤病的发生。③推广滴灌或小水勤浇技术，防止浇水过量，棚内湿度过大，提倡棚内地面全部用地膜覆盖，减少水分蒸发，减少浇水次数。西瓜生长中后期更应小水勤浇，杜绝大水漫灌。④科学放风，控制好温、湿度。平时放风，把棚温控制在 30℃ 以下，坐果后 15～25 天西瓜膨大并开始转色时棚温不低于 20℃。浇水后把棚顶膜缝隙全部扒开，连续 3 天内保持棚内无水汽。如遇高温，还应打开棚的两头及两侧下部，加速棚内空气流通，防止温度过高。

西瓜、小西瓜黄带果
（黄心瓜）

症状 西瓜果实纵切后从花痕部到果柄处的维管束变成发达的纤维质带，轻者白色，重者变成黄色，称为黄带果或黄心果、粗筋果。

西瓜黄带果（黄心瓜）（王恒亮）

病因 西瓜膨大初期在瓜的中心或产生种子的胎座部位，从顶部的脐部至瓜梗处产生白色至黄色带状纤维，后继续发展成黄色粗筋。产生的原因与温度、水、肥有关。在气温高的年份，西瓜结瓜过多，土壤中钙不足，土层、大气干燥或缺硼，影响西瓜对钙的吸收，黄带果出现得就多。也有人认为在长势过旺的瓜株上结的西瓜，成熟过程中遇低温或叶片受害，或用南瓜砧木，易产生黄带果。

防治方法 ①合理施入氮肥，防止瓜株徒长，以利瓜株营养充分。②种西瓜时深耕土层，增施腐熟有机肥，地面进行覆盖，防止土壤干燥，在施足基肥时，每667m² 施持力硼200～250g，或大粒硼200～400g。或用0.05%～0.1%的速乐硼溶液，每667m² 喷50g，对水50～100kg。也可用大粒硼200～400g，同时在幼瓜期叶面喷施翠健盖力500倍液＋翠健硼力2000倍液，促植株吸收钙、硼。③用整枝的方法调节长势并保护茎叶。

西瓜、小西瓜水瓤瓜

症状 主要危害西瓜叶、茎、叶柄、卷须及果实。叶片染病初现针尖大小透明小斑点，扩展后产生有黄色晕圈的浅黄色斑。茎基发病表皮产生浅黄色水渍状斑纹，地下根系无变化。茎蔓和叶柄发病初生水渍状小点或斑块，后沿茎沟纵向扩展成短条状，严重的呈水渍状腐烂，后变褐干枯，表面残存浅褐色斑痕。果实发病，初在果把或果面上产生无光泽的水浸状病斑，剖开病瓜，果肉有小片或连片水渍状，重者瓜种子周围呈水渍状，不能食用，严重的出现溃疡或裂口，果肉腐烂。

西瓜水瓤瓜果肉呈水渍状（李林）

西瓜水瓤瓜茎基部与健株对比

病原 据李林等研究，初步认定是由一种细菌引起的细菌病害。

传播途径和发病条件 病原细菌随病残体在土壤中越冬，成为翌年初侵染源。定植后植株茎基或茎蔓在湿度大的棚地条件下先发病。土壤中的病菌借灌溉水或大棚顶部滴落的水珠、露珠传播蔓延，重复侵染。发病适温 24～28℃，相对湿度高于 70% 利其发病，夜间饱和湿度大或昼夜温差大，结露、吐水持续时间长、天气冷热变化大则发病重。

防治方法　①选用当地耐病品种。播前用 50℃温水浸种 20min。或 3% 中生菌素可湿性粉剂 500 倍液浸种 30min，晾干后催芽播种。②用 77% 氢氧化铜可湿性粉剂 600 倍液灌根，方法是先把西瓜苗放入穴内，每穴灌对好的药液 0.15kg，待药液渗下后，封埋土穴，西瓜苗定植后浇大水。缓苗后再用以上药剂灌根，连灌 3 次，防效达 90% 左右。③瓜蔓发病初期用 3% 中生菌素可湿性粉剂 800 倍液 +50% 琥胶肥酸铜可湿性粉剂 800 倍液、90% 新植霉素可溶粉剂 4000 倍液、72% 农用高效链霉素可溶粉剂 3000 倍液喷雾或灌根，隔 7 天 1 次，连灌 2～3 次。

西瓜、小西瓜落花落果

症状　西瓜在开花坐果期或果实发育期对温度、湿度、光照的要求较严格。在 25～30℃的适温条件下西瓜坐果期为 4～6 天，这期间若环境条件不适宜，极易引起落花落瓜。近年西瓜落花落瓜已成为西瓜生产的主要障碍因素。

病因　一是没有完成授粉受精。西瓜是雌、雄异花以昆虫授粉的虫媒花，如果在开花期，遇到低

西瓜落花

湿、阴雨等不利条件，就会影响正常的授粉受精，引起落果。二是光照不足。西瓜是强光照作物，光饱和点是 8000lx，光补偿点是 4000lx，若低温下出现光照不足，会影响植株所需光合产物的生成和供给，造成器官发育不良，植株生长势减弱，引起化瓜。三是水分不足。开花结果期水分不足，雌花子房发育受阻，影响坐瓜。四是氮肥偏多。在西瓜开花结果期，施氮肥偏多，会引起营养生长过旺，生殖生长受抑制，花果会由于营养不足而脱落。五是温度高、湿度大的保护地栽培条件下有利于营养生长，使植株生长过盛，造成疯长；此外，栽植密度大，光照不足，营养生长过旺，影响生殖生长，均不易坐瓜。六是不适当的间作套种。西瓜套种应确保通风透光良好，与高秆作物套作，如果行距偏小，易造成遮光严重，通风不良，影响西瓜生长，造成落花落瓜。

防治方法　①合理密植，确保通风透光良好。密度，早熟品种每 667m² 植 800～1000 株，中晚熟品 500～800 株，嫁接苗 200～500

株。②协调营养生长与生殖生长的关系。不要偏施氮肥，开花结果期控制肥水，及时整枝打杈，控制瓜秧旺长。若出现疯秧，及时采用重压蔓、扭伤茎蔓顶端、扭破坐果节位前的茎等技术抑制茎叶生长，促进营养物质向幼果分配。若植株弱，子房瘦小，进行根部追肥。③控制好西瓜开花坐果温度（25℃），最低18℃，否则坐果率低且易产生畸形果。早春保护地栽培，在开花期以提高温度为主，但必须防止高温高湿。④西瓜是喜光作物，要增加光照，提高坐果率。在保护地覆盖栽培中，在温度条件允许的情况下，可尽量减少覆盖物，采用无滴膜或清理膜内水珠，让西瓜植株多接受光照。⑤进行人工辅助授粉。在早熟或保护地栽培时，气温低、密闭及昆虫数量少等原因影响了昆虫传粉。阴天或多雨季节，西瓜常会因授粉受精不良坐果率不高，采用人工辅助授粉可提高坐果率。授粉时间宜早，刚开放的雄花花粉量多，生活力强，结果率高，一般应在雌花开花后 2～3h 授粉结束。⑥防止降雨对坐果的影响。在开花期遇雨或连阴天，在开花前 1 天，将明天要开放的雌、雄花用防雨纸帽套住或将雄花采集回室，第 2 天开花时取下纸帽进行授粉，然后再将雌花套上，2 天后摘除纸帽。在开花授粉时，若遇短时阵雨，可在雨后 2h 选用较干燥的花粉授在无积水的雌花柱上；一般授粉后 3h 下雨，对坐果影响不大。⑦合理整枝。一般西瓜留

2～3 条蔓，如单蔓或多蔓都易造成植株生长过旺而疯长。⑧生长期及花蕾期喷洒 0.7% 复硝酚钠水剂 2500 倍液。或用 0.1% 吡效隆叶面喷施或幼花幼果浸蘸，可促进坐果，防止落花落果的效果突出。

西瓜、小西瓜粗蔓病

症状　西瓜、小西瓜瓜蔓生长过旺，发病时，在距瓜蔓生长点 8～10cm 瓜蔓明显增粗，顶端像拇指那么粗，瓜蔓上翘，变粗那段蔓的脆性增加，易折断或出现纵裂，溢有少量黄褐色胶状汁液，生长受抑，长出的瓜叶小且皱缩，疑似病毒病。影响西瓜正常生长，不易坐瓜，一般在瓜蔓伸长 80cm 后发生普遍，蔓顶端增粗且长满茸毛，俗称"肿头"。

西瓜粗蔓病病蔓增粗瓜蔓上翘

病因　一是瓜田土壤缺硼、锌等微量元素。二是由于偏施氮肥，肥水过多，出现营养生长过旺，造成瓜株不能及时坐果。三是田间土壤含水量过高，闭棚后棚内湿度过高，或湿度忽高忽低，都会引发粗蔓病。

防治方法　①选用抗逆性强的

中晚熟西瓜品种。加强育苗期管理，培育壮苗，适时定植。②采用西瓜配方施肥技术，适当增加硼、锌等微肥，增施硫酸钾镁钯、磷肥，满足西瓜生长需要。③西瓜苗期保持光照充足，开花前发现粗蔓时，及时摘除蔓心，破坏其继续生长，瓜要选第一道、第二道瓜，尽量不留第三道瓜。④必要时在花期喷洒25%助壮素水剂，20ml/667m^2，对水40kg，症状发生后及时喷洒翠健盖力600倍液+翠健硼力2000倍液，隔4～5天1次，连喷2次有效，也可用50%异菌脲悬浮剂1500倍液+0.4%硼砂+1.8%复硝酚钠水剂5000～6000倍液或50%异菌脲1500倍液+0.4%硼砂+尿素喷雾，每4～5天1次，连喷2次，还可喷洒0.05%～0.1%的速乐硼溶液，每次667m^{2}喷50g，对水50～100kg。

西瓜、小西瓜高温障碍

症状 塑料大棚中的西瓜苗中上部叶片，尤其是与棚膜距离近的叶片或幼苗常发生灼伤或烫伤，病叶褪绿变白或变黄、卷曲，后变黄褐色干枯。采用地膜覆盖的瓜田，地膜与瓜株或根部接触处地膜温度升高后也能烫伤植株或根系，造成伤苗或死苗。

病因 育苗或定植后，棚温可上升到40～50℃，生产上放风不及时，棚内湿度大，温度升高，产生的水汽就会烫伤叶片或根系，造成死苗或伤苗，在气温高的地区，棚室中午不及时放风或放风量不够，就会出现

打蔫或烫伤，产生叶灼伤。

西瓜高温障碍高温烫伤瓜秧（庄齐标）

防治方法 ①育苗期晴天要及时通风散湿。②西瓜定植后，增大根系四周的地膜空口，避免地膜与瓜株接触。③夏季出现高温时及时通风降温，光照过强，棚室内外温差过大，全开放风也不能降温时，可采用遮阳网降温。塑料大棚内温度过高时，空气的相对湿度较低时，可行冷水喷雾临时降温，必要时用温室空调机降温。

西瓜、小西瓜低温冻害

症状 早春苗床或定植西瓜田出现低温障碍或冻害后，子叶或真叶边缘褪绿变白，常造成生长停滞，受害重的造成叶缘卷曲，后逐渐干枯。生长点受冻的停止生长，缓苗持续时间较长或出现僵苗；受害重的成片瓜蔓上的叶片失水焦枯或变成褐黑色。根系受冻，停止生长，不能长出新根，老根发黄或出现沤根。

病因 西瓜是喜温作物，对温度十分敏感，西瓜生长发育适温

为 18 ～ 32℃，开花期 25℃，结果期 30℃，种子发芽适温 25 ～ 35℃，需 10 天左右，低于 15℃发芽不良，幼苗期 15 ～ 20℃需 25 ～ 30 天。低温季节，大棚两头或门缝处很容易受冻，寒流到来时，棚内干燥或未加小拱棚保护的经常出现低温冻害。

西瓜低温冻害（谢永强）

防治方法 ①选用耐低温、弱光的西瓜、小西瓜品种。②适时播种，低温炼苗。播种期根据当地气候，早春先进行小拱棚覆地膜进行双膜覆盖栽培，当气温稳定在 12℃以上时，揭掉小拱棚进入露天栽培。苗期低温炼苗可从种子萌动开始，幼苗长出后再降温炼苗，采用干燥炼苗及蹲苗相结合提高西瓜苗抗寒力，定植前 7 ～ 10 天，小拱棚开始通风，晴天中午揭膜炼苗。选冷尾暖头天气定植，以利尽快缓苗，提高抗寒力。并注意施热性肥料，适当控制氮肥用量，防止徒长，提高瓜苗耐寒能力，减轻冻害。③霜冻出现前点火熏烟，进行防冻。④出现高脚苗的用培土法防冻效果好。适当控制浇水，有利于提高西瓜抗寒力，促进生长势恢复。在寒流侵袭之前可喷洒"禾庄安"1000 倍液或 10% 宝力丰抗冷冻素 400 倍液、惠满丰多元复合液体活性肥料，每 667m² 用 320ml。⑤采用温室栽培的温度回升后，要逐渐揭开覆盖物，逐渐开大通风口，使西瓜苗慢慢恢复，尽量避免产生脱水萎蔫或死苗，不能操之过急。⑥叶面喷施翠健果力 600 倍液或 3.4% 赤•吲乙•芸可湿性粉剂 7500 倍液。

西瓜、小西瓜药害

症状 过量的百草枯除草剂喷到西瓜叶片上后，会产生灰白色至灰褐色斑，好像是一种病斑，其实这是一种药害。施用丙环唑过量产生叶片皱缩，扭曲状。使用马拉硫磷浓度过大时叶缘变白。

西瓜药害产生灰白色药害斑

病因 一是西瓜土壤封闭除草，或西瓜苗期除草剂施用过量或使用了灭生性除草剂时随风飘移到西瓜上持续一定时间都会产生药害。二是使用了对西瓜敏感的杀菌剂或杀虫剂或使用浓度超过了规定。三是混用不当，混配后产生了化学反应，就会产生药害。四是在上茬种过粮食作物的田上施用过除草剂的，都有可能发生药害。

防治方法 ①严格选用除草剂，了解前茬使用除草剂的情况，前茬为粮食作物且使用过除草剂的地块，不宜种西瓜。②西瓜对草甘膦、乙草胺、二甲戊乐灵、腐霉利、三唑酮、马拉硫磷、敌敌畏、乙磷铝、咪鲜胺（大棚中）等较敏感，不要选用或慎用。③准确合理使用可靠的农药。为防治病虫事半功倍，菜农都喜欢把几种农药混在一起喷，但混配农药学问不浅，混配时有的浓度过大，有的产生沉淀，有的产生棉絮状物质，这样混配出的农药很易产生药害、烧苗、烧叶、干边，有的造成没有生长点或引起植株矮化。混配时需注意以下3个问题。一是混配时必须先看农药的说明书、有效成分含量、施药浓度、施药方法。杀虫剂与杀菌剂可以混用，但必须先看农药的酸碱性，酸性农药绝对不要与碱性农药混用，否则酸碱中和就会发生化学变化，造成失效或产生药害。二是混配农药时要掌握合理的顺序，水质不好的地区，先加入水质优化剂，再加入防真菌病害的药和杀细菌的农药，最后加入叶面肥。若4种药同时喷，先在喷雾器中加上半桶水，这些产品应分别先在其他容器中稀释成母液，再倒入喷雾器中，顺序不能变，加1种后搅一下即可。三是要避开中午高温时喷药。生物制剂要选傍晚或阴天时喷洒，含活性菌的制剂一定要避光施用。

西瓜、小西瓜畸形果

症状 ①大肚子瓜。西瓜的顶部接近花蒂部位膨大，且靠近果梗部较细，呈葫芦状，主要是由于昆虫活动破坏干扰了西瓜的正常受精过程，使种子生长集中在顶部位置，造成瓜顶端膨大。②尖嘴瓜。瓜果的花蒂部位变细，果梗部位膨胀形成尖嘴瓜。主要是植株叶片光合作用机能不足，西瓜膨大时得不到充足的营养而产生的。此外，坐果过迟或坐瓜过多，也易产生尖嘴瓜。③偏头瓜。西瓜果实发育不平稳，一侧发育正常，另一侧发育迟缓或停滞，这是授粉不均匀造成的。

西瓜大肚子瓜

西瓜尖嘴瓜

小西瓜偏头瓜

病因　一是西瓜在花芽分化期，养分和水分供应不均衡，影响花芽分化。二是花芽发育时，土壤供给或子房吸收的锰、钙等微量元素不足。三是在干旱条件下坐瓜及授粉不均匀，产生畸形瓜。

防治方法　①加强苗期管理，花芽分化期出现2～3片真叶时，防止温度过低。②控制坐瓜部位，在第2～3朵雌花留果。③采用人工授粉，每天早晨采摘刚开放的雄花涂抹雌花，尽量用异株授粉或用多个雄花给一个雌花授粉。授粉量大些并涂抹均匀，利于形成周正的正常瓜。④适时追肥，防止生产中后期脱肥，并在70%的西瓜生长至鸡蛋大小时，及时浇膨瓜水。并喷洒15%吲熟酯乳油3300～5000倍液，可早熟7天，增产10%。

西瓜、小西瓜日灼病

症状　西瓜在烈日暴晒下，果面组织灼伤坏死。蜜黄1号西瓜沿花纹失绿变成黄褐色不规则状。

病因　西瓜日灼与品种有关，薄皮或花纹深的品种易发生日灼。如蜜黄1号西瓜发病率高。在丘陵地区或偏沙土壤上，植株营养生长不良，藤叶少，或栽植密度不够，致果实暴露在阳光下，也易发生日灼。

西瓜日灼病

防治方法　①选用抗日灼的西瓜品种。施用腐熟有机肥，前期增施氮肥，促进生长。②据品种特性，因地因品种确定适宜密度，做到瓜田不裸露，瓜四周有叶片遮挡。③及时锄草，结瓜后瓜面盖草防晒。④西瓜种子用100mA低频电流（频率50Hz）处理，即先把西瓜种子放在绝缘容器内，加入水，用两根电线将电压为220V的生活用电引入容器中，接通电源，处理3min，瓜增重15%～20%。

西瓜、小西瓜无头苗

症状　又称无心苗。无头苗是在幼苗出土或分苗后子叶伸张后没有生长点或生长点特小，不生长；或生长点随幼苗生长没有完全露出时已逐渐萎蔫坏死，成为秃头苗。

病因　一是育苗时地温较低或

太高，或育苗初期遇寒流侵袭，低温造成生长点分化受到抑制，致幼苗不能正常生长发育，造成幼苗出土子叶张开时，没有明显的生长点。二是幼苗前期生长尚正常，生长点已经露头，此间遇温度过高或过低，蹲苗期控水时间过长，造成生长点特小或不生长。三是幼苗生长过程中，遇有害气体或烟害，致生长点停止生长或枯死。四是地下害虫危害造成生长点损坏。

西瓜无头苗

防治方法　①育苗时按西瓜、小西瓜品种特性科学安排播种期，不宜过早。②加强苗期管理，防止苗期地温过高或过低，并适时浇水，控制湿度，遇有寒流侵袭，采取有效措施，创造适宜的地温和气温。③地老虎危害重的地区，要注意防治地老虎等地下害虫。

西瓜、小西瓜缺素症

症状　①缺氮。引起植株发育不良，并从下部叶开始变黄，后向上部叶扩展。②缺磷。生长差，但叶色不像缺氮那样变黄。③缺钾。老叶边

缘变为褐色，出现焦枯症状，茎蔓细弱。④缺铁。叶片叶脉间、新叶、卷须黄化，叶脉仍为绿色。⑤缺钙。顶端生长受阻，叶片发黄、卷曲，顶部叶蔓易变褐枯死。⑥缺镁。开始主脉附近的叶脉间黄化，后逐渐扩展，造成整个叶片发黄。⑦缺锌。蔓纤细，节间短，叶片发育不良，向叶背翻卷，叶尖和叶缘变褐并逐渐焦枯。⑧缺铜。幼叶失绿变黄，易干枯脱落，中、前部的叶脉间有淡色褪绿斑。⑨缺硼。先从顶部叶变黄，进一步发展后生长点发白（白头）后枯死，茎叶硬化，藤蔓丛生或易折。⑩缺锰。中上部的叶脉间变黄绿色，叶脉与叶脉间差异明显。

病因　①缺氮。有机肥施用量不足，追肥少。②缺磷。由于温度低，即使土壤中磷素充足，也难于吸收，易出现缺磷。③缺钾。土壤中缺钾或施入钾肥过少。④缺铁。一是把西瓜安排在碱性土壤上，易出现缺铁症状。二是土壤过干、过湿、低温也易出现缺铁。三是土壤中铜、锰、磷过多，可阻碍西瓜、小西瓜对铁的吸收，引起缺铁症。⑤缺钙。一是土壤酸度较高，能使钙迅速流失。二是氮、钾、镁较多时，也易出现缺钙。⑥缺镁。在未施用含镁肥的沙土、沙壤土上种植西瓜、小西瓜易出现缺镁症。⑦缺锌。土壤中有效锌含量少，石灰性或中性土壤中锌含量低于 0.5mg/kg，酸性土壤中有效锌低于 1.5mg/kg 时，易缺锌。⑧缺铜。石灰性和沙土上容易出现有效铜含量低，造成缺铜。⑨缺硼。土壤干旱或土壤

缺硼，易发生缺硼症。⑩缺锰。一是碱性、石灰性、沙质酸性土壤上均易发生缺锰，pH 值小于 5 时土壤中的有效锰迅速下降。二是水稻、西瓜田轮作，加速有效锰的流失，使旱作西瓜缺锰。

防治方法　①防止缺氮。应据西瓜对氮磷钾和对微肥的需要施用酵素菌沤制的堆肥或腐熟有机肥按配方施入，气温低时施用硝态氮；温室缺

小西瓜缺氮下位叶开始变黄

小西瓜缺钾叶脉间黄化，叶缘焦枯

小西瓜缺锌叶片向叶背翻卷

小西瓜缺铁叶脉间、新叶、卷须黄化，叶脉绿

小西瓜缺磷生长差，叶色不像缺氮那样黄

西瓜缺锌节间短叶卷缩（左）和缺铜叶褪绿变黄（右）

西瓜缺镁主脉附近叶脉间变黄

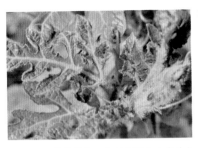

西瓜缺硼藤蔓丛生，生长点发白（白头）

氮时应尽快埋施腐熟发酵完全的人粪或施用碳酸氢铵或尿素混入 10 ～ 15 倍有机肥料中，撒在瓜株两侧后盖土、灌水，也可喷洒 0.2% 尿素溶液。②防止缺磷。在苗期产生缺磷症状时，采用土壤补磷和叶面施肥，可选用磷酸二铵、三元素复合肥，应急时叶面喷洒 2.5% 磷酸二氢钾，连喷 2 ～ 3 次。③防止缺钾。增施有机肥和复合肥，配施草木灰，生长期叶面喷施磷酸二氢钾 0.1% 水溶液。④防止缺铁。土壤 pH 值 6 ～ 6.5 时，不应再大量施入碱性肥料，必要时叶面喷洒 0.1% ～ 0.5% 的硫酸亚铁水溶液。加强水分管理防止过干、过湿。⑤防止缺钙。在氮肥较多的土壤上，喷洒 0.5% 氯化钙或 0.5% 的硝酸钙。⑥防止缺镁。缺镁的土壤，栽培前基肥中施入硫酸镁适量，保持瓜田土壤盐基平衡，氮钾不要过量，生长期喷洒 1% ～ 2% 硫酸镁水溶液。⑦防止缺锌。增施有机肥，叶面喷施 0.1% 的硫酸锌溶液。⑧防止缺铜。在石灰性或沙性土壤中定植前每 $667m^2$ 施入硫酸铜 0.7 ～ 0.9kg，与有机肥混匀施入；叶面可喷洒 0.02% 硫酸铜水溶液。⑨防止缺硼。每 $667m^2$ 有机肥中混入 20.5% 持力硼 200 ～ 250g，充分施匀。适时浇水，提高土壤可溶性硼含量，以利植株吸收；于花前期叶面喷施 0.05% ～ 0.1% 速乐硼溶液，$667m^2$ 用量 50g，加清水 50kg。⑩防止缺锰。每 $667m^2$ 施入硫酸锰 1 ～ 1.5kg，均匀混入 10 ～ 20kg 细沙，撒施或条施。也可叶面喷洒 0.1% ～ 0.2% 硫酸锰溶液，应在花前期至初花期施用 1 ～ 2 次。⑪喷洒 25% 甲哌鎓水剂 2500 倍液，促早开花、多结果，提前采收。

西瓜、小西瓜急性叶枯症

　　西瓜、小西瓜急性叶枯症是西瓜、小西瓜缺素症之一，是生理病害。

症状　从果实膨大期至成熟期均可发生，先发生在着果节位的叶片上，后逐渐向邻近叶片上扩展，严重影响生长点。初发病时叶脉间产生黑褐色芝麻状小斑点，斑点扩展后，致叶缘向上卷，造成整个叶片枯死。影响瓜株光合作用的正常进行或同化能力减弱，造成果实品质下降及回头瓜减少。用葫芦作砧木进行嫁接的西瓜、小西瓜经常发生叶枯症。

病因　系生理病害。其发生与西瓜、小西瓜着果数量有关：坐果数多的，叶枯症严重；坐果数少的生长势旺盛的叶枯症轻。伴随果实的急剧膨大，果实需要很多的镁，但又不能从根部得到补充，造成果实附近叶片中的镁迅速转移到果实中而引发叶枯症。葫芦作砧木发病率高，南瓜作砧木发病率低，其原因是南瓜作砧木的能多吸收镁。温室、大棚病株率明显高于露地，温室大棚茬次多，易造成钾盐、钙盐累积，影响对镁的吸收。生产上沙质土含镁量少于黏质土，叶枯症重。低温期长引起镁吸收下降，土壤干燥引起镁吸收受阻，造成叶枯症增多。

西瓜急性缺镁叶枯症叶脉间
产生褐色小斑点

防治方法 ①改善土壤条件。对沙性土要逐年掺和黏土改良土壤，提倡在瓜地上铺地膜或覆盖稻草。土壤偏沙的瓜田，要注意适量灌水防止土壤干燥。②采用西瓜测土配方施肥技术，施入腐熟有机肥和镁等微量元素，促进根系充分伸长。及时整枝打杈，防止侧蔓过多，造成根系活力下降，促进对营养和水分的吸收。③提高嫁接质量，防止产生急性凋萎症。④坐果之前开始喷洒 0.5% ～ 1% 氯化镁溶液，隔 5 天 1 次，共喷 2 ～ 3 次，要求叶背、叶面都要喷到，也可混入农药中一并施用。⑤喷洒天达2116 壮苗灵 600 倍液。

西瓜、小西瓜脐腐病

症状 西瓜、小西瓜缺钙，新叶和卷须萎缩或褐腐，果实产生脐腐病，也是西瓜、小西瓜缺素症之一，是生理病害。长果形的品种仅果脐部生长缢缩、干腐，产生局部褐色斑，果实其他部位未见异常。但后期田间湿度大，有腐生的霉菌寄生时，会出现黑色霉状物。

西瓜缺钙引起的西瓜脐腐病

西瓜新叶卷须缺钙

病因 脐腐病的发生与品种有关，新红宝这类品种有时发生。一是植株缺钙。由于氮肥过多，造成植株吸收钙素受阻，使脐部细胞生理紊乱，但土壤不一定缺钙。二是在天气长期干旱的情况下，果实膨大期水分、养分供应失调，叶片与果实争夺养分，造成果实脐部大量失水，使其生长发育受阻。三是施用激素不当，干扰了西瓜的正常发育。

防治方法　①采取预防措施，多施有机肥促进保墒。遇有长期干旱时，要适时适量浇水，以利西瓜植株根部吸收硼素，进而提高对钙素的吸收，可有效防止因缺钙而引起的脐腐病。②配方施肥，必要时叶面喷洒0.5%氯化钙或1%过磷酸钙，隔15天喷1次，连喷2～3次。

西瓜、小西瓜氮过剩症

症状　西瓜、小西瓜氮过剩时枝叶茂盛，叶色浓绿，匍匐茎前端向上翘，坐瓜难，结瓜少。长成的西瓜果皮厚，味淡，品质下降。

小西瓜氮过剩症枝叶茂盛、
叶色浓绿、茎上翘

病因　**防治方法**　参见薄皮甜瓜、厚皮甜瓜氮过剩症。

西瓜、小西瓜硼过剩症

症状　从西瓜、小西瓜下部叶的叶缘开始变成黄白色，叶脉间有黄白色斑点，并逐渐向上部扩展。

病因　一是在母质含硼较丰富的酸性土上易发生硼过剩症。二是土壤中施硼过多。

防治方法　①硼过剩时浇大水，通过浇水溶解并淋失带走一部分硼。②浇大水后施入石灰进行矫治。石灰施用量据土壤 pH 值确定。③瓜类对硼素敏感，需采用测土配方施肥技术，每 667m² 不应高于 0.5kg。

西瓜硼过剩症基部叶叶缘变黄（左）
和锰过剩叶脉变褐（右）

西瓜、小西瓜锰过剩症

症状　西瓜、小西瓜植株叶片的叶脉、叶柄均呈黑褐色，严重的褐变沿叶脉扩大，且从下部叶向上部叶扩展。

病因　锰过剩引起西瓜、小西瓜中毒主要发生在母质含锰较高的酸性土壤上，尤其是土壤 pH 值小于5 时，土壤中水溶性锰和交换性锰增加，很容易发生锰中毒。生产上锰肥施用过多或土壤锰污染严重都会造成锰过剩症。

防治方法　对锰过剩的土壤要增施石灰，提高土壤 pH 值，降低锰的有效性，可抑制西瓜、小西瓜对锰的吸收，减轻锰过剩造成的毒害。

二、甜瓜病害

甜瓜学名 *Cucumis melo* L.，别名香瓜、果瓜、哈密瓜等，是黄瓜属中幼果无刺的栽培种，一年生蔓性草本植物。根据生态特性，我国把甜瓜分为薄皮甜瓜和厚皮甜瓜。薄皮甜瓜又称普通甜瓜、东方甜瓜、中国甜瓜、香瓜等，我国广泛栽培。厚皮甜瓜主要包括网纹甜瓜、冬甜瓜、硬皮甜瓜，世界各地均有栽培，我国主要分布在新疆、甘肃、内蒙古西部等地。20世纪80年代开始在华北、华中、华南及台湾种植。1944年美国副总统华莱士访华，带来蜜露甜瓜品种，故称"华莱士"，一直沿用多年，新中国成立后改称为白兰瓜。甜瓜主要病害有炭疽病、蔓枯病、白粉病、枯萎病、霜霉病、根腐病、细菌性角斑病、根结线虫病、病毒病等，危害有日趋严重之势。

薄皮甜瓜、厚皮甜瓜猝倒病

症状　幼苗大多从茎基部染病，也有从茎中部染病者，初为水渍状，后迅速扩展，病部缢缩变细如线状，不变色或呈黄褐色，在子叶仍为绿色、未萎蔫前，幼苗即从茎基部或茎中部倒伏而贴于床面。苗床湿度大时，病株残体及周围床土上可生一层絮状白霉。出苗前染病，引起子叶、幼根及幼茎变褐腐烂，即烂种或烂芽。病害开始往往仅个别幼苗发病，条件适宜时以这些病株为中心，迅速向四周扩展蔓延，形成一块一块的发病区，造成成片缺苗。近年发现瓜果腐霉引起的根腐病，给生产上造成巨大损失。腐霉根腐病病株定植后植株茎基部产生水渍状病变，扩展到绕茎一周引起全株枯死，湿度大时有稀疏白毛。

病原　*Pythium debaryanum* Hesse（称德巴利腐霉）和 *P. aphanidermatum*(Eds.)Fitzp.（称瓜果腐霉），均属假菌界卵菌门腐霉属。

甜瓜营养钵无土育苗猝倒病症状

传播途径和发病条件　病菌以卵孢子或菌丝在土壤中及病残体上越冬，并可在土壤中长期存活。主要靠雨水、浇水喷淋而传播，带菌的有机肥和农具也能传病。病菌在土温15～16℃时繁殖最快，适宜发病地温为10℃，故早春苗床温度低、湿度大时利于发病。光照不足、播种过密、幼苗徒长往往发病重。浇水后积水处或薄膜滴水处易发病而成为发病中心。

防治方法 ①甜瓜种子进行包衣。播前每4kg甜瓜种子用2.5%咯菌腈10ml，再加入35%甲霜灵拌种剂2ml，对水180ml，迅速搅拌使药液均匀分布在每粒种子上。②采用传统方法育苗的可采取以下措施。a.育苗场地选择地势高、地下水位低、排水良好、水源方便、避风向阳的地方。b.加强苗床管理。用肥沃、疏松、无病的新床土，若用旧床土必须进行土壤处理；肥料一定要腐熟并施匀；播种均匀而不过密，盖土不宜太厚；根据土壤湿度和天气情况，需浇水时，每次不宜过多，且在上午进行；床土湿度大时，撒干细土降湿；做好苗床保温工作的同时，多透光、适量通风换气。c.土壤处理。播种前2～3周进行，将床土耙松，每平方米床面用95%噁霉灵精品1g，对细土15～20kg，拌匀制成药土，打足底水后将1/3药土作垫土，另2/3作盖土，把种子夹在药土之间，若盖土不够，可适当增加药土。③提倡采用营养钵或穴盘育苗。营养土需提前1个月堆制，要求含有机质多，并有适当的黏性，移苗时不易散坨。可用园土6份，腐熟厩肥或堆肥、腐熟的猪粪4份配制；或每1m³营养土中另加入腐熟的鸡粪15～25kg，过磷酸钙1～1.5kg，草

木灰5～10kg，充分拌匀。最好在夏季开始堆沤，把肥料捣细过筛按比例配好，用薄膜覆盖堆置半个月以上。播前每立方米营养土均匀混入95%噁霉灵精品30g或54.5%噁霉·福可湿性粉剂10g，对水10kg，均匀喷入营养土中拌匀，也可在50kg育苗土中加68%精甲霜·锰锌水分散粒剂20g和2.5%咯菌腈悬浮剂10ml，混匀后装营养钵或撒在育苗畦上，能有效地防治猝倒病，兼治立枯病、多种根腐病、枯萎病等。④提倡用辣根素（异硫氰酸烯丙酯），是从辣椒中提取的，商品名叫安可拉，可用来防治甜瓜等猝倒病、立枯病及土传病害，剂型用颗粒剂，每平方米用量为20～27g，用20%辣根素水乳剂，每667m²用药量为4～6L，通过灌水滴入土壤深层，密闭12～24h。棚室保护地歇茬时可用辣根素焖棚防治枯萎病、根腐病等土传病害，防效优异。⑤没有进行药剂处理，或选用了未带药的压缩型基质营养钵育苗的，于发病初期喷淋30%噁霉灵水剂800倍液、3%噁霉·甲霜水剂700倍液、2.1%丁子香芹酚水剂600倍液、2.5%咯菌腈悬浮种衣剂1200倍液。为降低苗床湿度，最好在上午喷药，喷1次即可奏效。

薄皮甜瓜、厚皮甜瓜
立枯病和褐腐病

症状 甜瓜立枯病主要发生在苗期。初在茎基部产生椭圆形至不规

则形褐色凹陷斑，扩展到围绕茎一周时，瓜苗萎缩死亡。成株期根茎部染病，皮层组织变褐腐烂，地上部逐渐萎蔫枯死。湿度大时病部现灰白色蛛丝状霉，即病原菌菌丝。

甜瓜穴盘无土育苗立枯病病状

甜瓜褐腐病病瓜

甜瓜提倡采用穴盘或营养钵
进行无土育苗

甜瓜褐腐病又称果腐病。主要为害近成熟的果实和茎叶。幼瓜染病多从顶部开始侵染形成褐色大斑；成瓜染病初在瓜上产生褐色坏死斑点，逐渐扩大形成长条状褐斑，明显凹陷，空气干燥时常从病部龟裂，雨后或湿度大时，病部组织腐烂，形成褐色坏死凹陷斑。最后西瓜全部腐烂。茎叶染病，出现褐色干腐，造成茎叶局部坏死，有的年份该病为害相当严重。

病原　*Rhizoctonia solani* Kühn，称丝核菌 AG-4 菌丝融合群，属真菌界担子菌门无性型丝核菌属。有性型属担子菌门瓜亡革菌属。担子果为平伏薄膜状，担子粗壮，近圆柱形、桶形或倒卵形，具明显膨大的小梗。小梗与担子间有一横隔膜，成熟时小梗脱落。担孢子椭圆形，一侧扁，萌发时产生次生担孢子。

传播途径和发病条件　立枯丝核菌 AG-4 菌丝融合群，以菌丝体或菌核在土壤中越冬，并能在土壤中腐生 2～3 年，翌年种植甜瓜后菌丝常可直接侵入寄主，通过灌溉水或农具传播，引起立枯病。进入结瓜期，果实与土壤接触，遇浇水或降雨，即可引起发病，尤其是久旱突然遇雨易发病，高温高湿持续时间长则发病重。

防治方法　①甜瓜立枯病发病重的地区，采用营养钵或穴盘育苗。营养土要求肥沃疏松，无病菌和虫卵，可用大田土或水田土、河湾土与充分腐熟的家畜或家禽粪等配制，比例土为 6、农家肥为 4，每立方米土中加入尿素 0.5kg、过磷酸钙 1kg、硫酸钾 1kg 或草木灰 2.5～3kg。也可只加入氮磷钾三元复合肥 1.5～2kg。营养土配好后，每立方米营养土中混入 95% 噁霉灵精品 30g 或 30% 苯醚甲·丙环乳油 50ml，均匀拌入营养土中，充分拌匀后装入营养钵中，播种时，把营养钵底水浇足，直至出苗前一般不浇水。子叶展平阶段，控制地面见干见湿，以保墒为主，在苗床上撒一层细土，可降低土壤水分蒸发，预防立枯病的发生。②种子处理。甜瓜种子用 30% 苯醚甲·丙环乳油 3000 倍液浸泡 6h，冲净催芽或直播。也可用 0.4% 的 50% 异菌脲可湿性粉剂拌种。③出苗后发生立枯病时，喷淋 54.5% 噁霉·福可湿性粉剂 800 倍液、68% 精甲霜·锰锌水分散粒剂 600 倍液。可有效地防治苗期立枯病、猝倒病、兼治炭疽病、细菌性叶斑病等。果实染病喷淋 30% 噁霉灵水剂 800 倍液、1% 申嗪霉素悬浮剂 800 倍液或 75% 肟菌·戊唑醇水分散粒剂 3000 倍液。

薄皮甜瓜、厚皮甜瓜封顶苗

症状 又称无芯苗。甜瓜幼苗生长点退化，不能正常抽生新叶，只生 2 片子叶，有的虽能产生 1～2 片真叶，但缺少生长点，或生长点小不生长，称作封顶或无芯苗。

病因 形成封顶苗主要与环境条件有关，尤其是在幼苗生长期若遇较长时间低温或阴天多，造成幼苗根系活动减弱，甜瓜同化作用削弱，营养生长衰弱，产生无头封顶苗，生产上苗床土壤过硬或过干、施肥过量造成烧根或营养土养分缺失或使用陈旧瘪种子，均可形成无头的封顶苗。

甜瓜封顶苗

防治方法 ①选用生活力强、饱满的新种子。②育苗营养土按配方配制，充分混匀，保持适宜的温、湿度，适时适量浇水，特别注意幼瓜敏感期的温度和水分管理。③育苗期遇寒流时，应提前喷洒 1.8% 复硝酚钠水剂 5000～6000 倍液或 3.4% 赤·吲乙·芸可湿性粉剂 7500 倍液。

薄皮甜瓜、厚皮甜瓜沤根

症状 苗期或定植前出现幼苗或植株矮小，生长缓慢，根发黄或变褐，新生根少，已长出的真叶或子叶变成浅黄色至黄绿色，边缘渐发黄皱缩，呈干枯状，最终造成地上部打蔫，病株易从土中拔出，严重时成片干枯，疑似缺素症。染病株根皮变黄，不长新根或新根少，发病重的根皮呈铁锈色烂腐，造成死苗。

甜瓜沤根

病因　气温低，土壤温度低，土质黏重，土壤含水量高，定植时伤根多，整地、定植时操作粗放，根部埋土不实，苗床或定植穴施用未腐熟有机肥、未腐熟鸡粪等发热烧根，施用化肥距根过近，土壤溶液浓度过高而伤根。此外，分苗时浇水过多或低温持续时间长都会造成沤根。

防治方法　①选排水好、避风向阳的地块育苗或定植。②采用露地育苗，畦面要平，苗床浇水适量，宁少勿多，雨后及时排水。提倡采用营养钵育苗可减少沤根。③适时定植，施用腐熟有机肥。④发生沤根时，加强透风，改善通气状况，降低棚内湿度，促增根发苗，对低洼地块，可开沟排水降湿，迅速改变瓜苗生长环境。同时喷洒98%磷酸二氢钾550倍液或翠健果力900倍液或赛德生根壮苗700倍液或6%甲壳素（阿波罗963）水剂1000倍液。

薄皮甜瓜、厚皮甜瓜
腐霉根腐病

腐霉根腐病又称腐霉病、根腐萎凋病。腐霉菌可引发各种瓜类幼苗猝倒病是众所周知的，但在夏秋高温高湿季节为害甜瓜造成腐霉根腐病较为少见。近年来保护地甜瓜播种面积、茬次年年增加，尤其是秋延后茬很易诱发腐霉根腐病，有人误以为是镰刀菌引起的根腐病用药而防效不佳，经进一步鉴定其病原才明确是腐霉菌为害引起的。我国广东水培的哈密瓜三茬均发生，造成死株率达30%，严重的超过50%，是甜瓜生产上的毁灭性病害。

症状　甜瓜植株初发病时，植株顶部叶片先萎蔫，似缺水状，中午更加明显，起初早晚尚可恢复，但持续数月后叶片灰绿色，不再能恢复原状。检视茎基部，可见茎基向上向下2～4cm处略缢缩，呈水渍状灰绿色，后扩展到主根和次生根逐渐变褐腐烂，造成植株出现萎蔫或死亡。果实染病病部呈水渍状，长出棉絮状白色菌丝，病部腐烂，有别于镰孢根腐病。

病原　*Pythium debaryanum* Hesse（称德巴利腐霉）和 *P. inflatum* Mattews（称肿囊腐霉），均属假菌界卵菌门腐霉属。德巴利腐霉孢子囊球形至椭圆形，大小20～25μm，萌发时产生乳头状突起，由此产生泡囊。卵孢子球形，直径15～18μm。菌丝生长最高温度40℃，最低温度12℃，最适温度为36℃，分布在北京、河北、辽宁、吉林、山东、浙江、安徽、福建、台湾、河南、湖北、四川等地。肿囊腐霉藏卵器球形，无色，直径 14 ～ 20μm，雄器异枝生，长椭圆形。卵孢子球形，浅黄色，直径 13 ～ 23μm。

厚皮甜瓜腐霉根腐病染病株茎基部
变褐出现萎蔫

厚皮甜瓜腐霉根腐病根部水渍状浅褐色

传播途径和发病条件 腐霉菌在寄主上或随病残体在土壤中越冬，在土壤中常可存活 4 年，条件适宜时甜瓜种子、种子萌发后的幼苗、甜瓜成株的根，均可遭到腐霉菌的为害。最常见的侵染通常发生在土表或土壤深处，菌丝体直接穿透侵入甜瓜茎的表皮和角质层细胞，消耗其中的养分，破坏细胞壁。该菌危害局限在地下茎皮层或地上地下数厘米处，此时甜瓜成株已有相当厚和木质化的细胞

壁及活动的形成层，因此根腐病的扩展受到限制，一般在侵染点附近产生小的坏死斑。甜瓜的须根几乎在生长的任何阶段均可遭受腐霉菌的侵害，病菌直接侵入根尖，进一步扩展到较老根的皮层或穿过皮层，使根死亡。生产上则出现甜瓜一株一株枯死，造成缺株断垄，严重影响甜瓜在高温高湿季节的生产。

防治方法 ①选用耐低温、弱光的甜瓜品种，如京玉 2 号。适期播种，秋茬薄皮甜瓜或厚皮甜瓜不要播种过早，尽量躲过高温高湿季节。②采用遮阳网覆盖，定植后气温过高应适当推迟覆膜时间，防止高温高湿条件的出现。③定植时先把 722g/L 霜霉威水剂 700 倍液配好，取 15kg 放在比穴盘大的长方形容器里，再把穴盘整个浸入药液中把根部蘸湿即可。④定植后发现甜瓜下部叶片变黄、茎基部呈水渍状，应马上扒开植株基部地膜和表土散湿，加大放风力度，使其通风良好。⑤发病初期喷洒或浇灌 0.5% 氨基寡糖水剂 500 倍液、20% 氟吗啉可湿性粉剂 1000 倍液、50% 烯酰吗啉水分散粒剂或可湿性粉剂 1500 ～ 2000 倍液、69% 烯酰·锰锌可湿性粉剂 600 ～ 800 倍液、250g/L 双炔酰菌胺悬浮剂（667m² 30 ～ 50ml，对水 45 ～ 60kg，均匀喷雾）。或喷洒植物动力 2003 营养液 1000 倍液或浇施平衡型水溶肥 1000 倍液或浇水时加 1000 倍甲壳素、氨基酸等。

薄皮甜瓜、厚皮甜瓜 疫霉根腐病

症状 发病初期保护地内的薄皮甜瓜、厚皮甜瓜出现中午打蔫、叶片叶柄呈水渍状或干旱、缺肥的症状，但早晚可恢复，病情发展以后须根受害呈水渍状死亡脱落，主根常现褐色坏死斑，严重时造成整个根系腐烂，紧接着瓜株不同程度地迅速死亡。

薄皮甜瓜疫霉根腐病叶片变褐呈水渍状

薄皮甜瓜疫霉根腐病茎基部症状

病原 *Phytophthora drechsleri* Tucker，称掘氏疫霉，属假菌界卵菌门疫霉属。异名 *P.melonis* Katsura、*P.cryptogea* Pethybridge & Lafferry。

传播途径和发病条件、**防治方法** 参见薄皮甜瓜、厚皮甜瓜腐霉根腐病。

薄皮甜瓜、厚皮甜瓜 镰孢根腐病

又称甜瓜烂根、甜瓜死棵。甜瓜根腐病是全国甜瓜生产上的重要病害，20世纪90年代新疆发病率居高不下，重病田常造成绝产，成为生产上的毁灭性病害。

症状 病株叶片黄化，发病早的病株节间短，不坐瓜或果实发育停滞下来。发病晚的果实小、品质差，对产量和品质影响极大。常见的有4种类型。①猝倒型。发生在温室大棚幼苗期，幼苗染病后，在根茎基部产生水浸状病变，表皮浅黑色，并向上扩展使幼苗猝倒死亡。②萎蔫型。主要发生在温室大棚甜瓜伸蔓期和开花坐果期。植株染病后叶片向上卷曲呈萎蔫症状，最初病叶中午卷曲，早晚复原，反复7～10天后病株逐渐萎蔫死亡。③根腐型。发生在温室或露地生长的甜瓜上，各生育段均可发生，染病后常不表现萎蔫状，根茎部或根部表皮的柔膜组织受到破坏，产生黄色干腐状的病斑，病株叶片逐渐表现出褪绿黄化的斑点，随后融合成连片扩大的黄斑，至全叶黄化，病株不坐瓜或果实朽住不长。④果腐型。病原菌侵染果实发生果腐病，在果实表皮或瓜柄处产生褐色病斑，扩展后呈凹陷状，湿度大时，病斑上产生白色霉状物，果肉向内腐烂，病瓜味苦，不能食用。有别于腐霉菌引起的根腐病。

病原 *Fusarium solani*（Martius）Appel et wollenw. ex Snyder et Hansen var. *cucurbitae*，称腐皮镰孢瓜类变种，属真菌界子囊菌门镰刀菌属。该菌系弱寄生菌，在土壤中可长期存活，除为害甜瓜外，还可为害西瓜、南瓜等。

厚皮甜瓜镰孢根腐病坐瓜后出现植株萎蔫

厚皮甜瓜镰孢根腐病根腐型症状

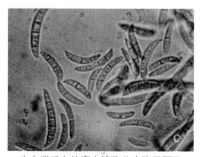

生在甜瓜上的腐皮镰孢分生孢子梗及放大的分生孢子

传播途径和发病条件 带菌的甜瓜种子、粪肥及土壤中的病原菌是该病的初侵染源，灌水和农事操作可使病菌传播蔓延进行重复侵染。经调查该病先在温室甜瓜育苗期发病，定植后至开花坐果前发病严重。露地甜瓜前期温度低病菌潜伏，受害株症状不明显，至6月中、下旬气温升高后，症状明显，病叶变黄，7月中旬病叶全部黄化。该菌不侵染导管，不影响水分输导，大田病株不表现萎蔫症状。该病侵染温限为8～34℃，最适温度24～32℃。高温利于该菌孢子萌发和菌丝生长，潜育期缩短，苗期猝倒或苗腐多在16～18℃时发生。甜瓜根腐病常发生在低温潮湿的土壤中，生产上土壤黏重、苗弱发病重。在新疆晚播甜瓜受害重。

防治方法 ①农业防治。严格选地，宜选5年以上未种过瓜类作物的土地，前茬最好是粮食作物，质地不要过黏。选用腐熟有机肥或生物有机肥，秋翻冬灌。培养壮苗，提倡用龟背畦种植，深沟，短距，单沟单灌，合理灌水，科学整枝。重病区要特别注意选用抗病品种，如西域3号。适期早播，躲过根腐病危害严重期。②种子处理。种子在65～70℃恒温下干热灭菌3天，或用50%多菌灵可湿性粉剂600倍液浸种10min，催芽或直播。干热灭菌对伽师瓜种发芽有一定影响，需先试发芽率，再严格控制灭菌时间。③播种后药土覆盖。用50%多菌灵或甲基硫菌灵与土配成1:100倍药土，播种前在穴内放少量药土，然后播种，再用药土覆盖瓜种。也可在定植穴内每667m² 穴施氰氨化钙 5kg 后埋土，有效防治根腐病，兼治根结线虫。④药剂蘸根。定植时先把 2.5% 咯菌腈悬浮剂 1000 倍液配好，取 15kg 放入比穴盘大的长方形容器内，再将穴盘整个浸入药液中把根部蘸湿即可。在幼苗真叶展开时，用 50% 多菌灵或 50% 甲基硫菌灵可湿性粉剂 600 倍液或 70% 噁霉灵可湿性粉剂 1500 倍液灌根，使用多菌灵的混施 2.5% 咯菌腈悬浮种衣剂 1000 倍液或 50% 氯溴异氰尿酸 1000 倍液，或 50% 咯菌腈可湿性粉剂 5000 倍液。灌根 2 ～ 3次，每次隔 7 ～ 10 天，第 1 次灌药量为每株 50 ～ 100ml，以后每次灌 150 ～ 200ml。⑤在幼苗定植前后穴施生物菌肥，如激抗菌 968、木美土里等，预防根腐病发生。⑥根腐病发生后要注意控制浇水，单棵灌根，不可随水冲施。

薄皮甜瓜、厚皮甜瓜黑点根腐病

症状　植株呈萎凋状，拔出根部，根系呈水浸状褐变枯死状，须根脱落，在枯死的根上散生有很多小黑粒点，即病原菌的子囊壳。台湾调查发病率 27.5% ～ 58%。甘肃也有发生。

病原　*Monosporascus cannon- ballus* Pollack et Uecker，称坎诺单胞菌，属真菌界子囊菌门。病根用自来水冲净后吸干，置于琼脂平板上，25℃培养 72h 后可见长出菌丝，在病根上的子囊壳直径 300 ～ 400μm；子囊初为棍棒状，后变卵形，大小（60 ～ 80）μm×（40 ～ 50）μm，初期子囊内生出 2 个子囊孢子，大多只有 1 个能继续发育；子囊孢子球形，未成熟时无色至褐色，成熟后黑色，大小 30 ～ 50μm，每个子囊壳里生有子囊孢子 11 ～ 61 个。在 PDA培养基上，产生少量初为白色、后变灰色至暗灰色的气生菌丝，30 天后可形成黑色子囊壳，每平方厘米可形成 19 ～ 25 个。该菌在 5 ～ 30℃都能生长，菌丝生长最适温度 30℃，子囊壳形成所需温度 20 ～ 30℃，25℃最适。

甜瓜黑点根腐病田间发病症状（何苏琴）

薄皮甜瓜黑点根腐病病根上的小黑点

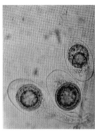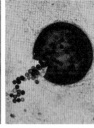

发育中的子囊（左）和子囊壳裂开散
出子囊孢子（何苏琴）

传播途径和发病条件 病菌以
子囊壳随病残体在土壤中越冬。据试
验，将在 PDA 平面培养基上生长 8
天的菌丝体切碎后拌入灭菌土壤中，
栽植农友香兰甜瓜幼苗，经 35 天后
植株发病死亡，病部又形成子囊壳，
进行再侵染。

防治方法 ①棚室或露地栽培
的，施用平衡型全水溶性肥料和微生
物肥。②无土栽培时，要及时更换营
养液，防止病菌积累。③选用黄金瓜
等耐湿性品种。④用平衡型水溶肥配
成 1000 倍浇施，浇水时加 1000 倍液
甲壳素、氨基酸等。

薄皮甜瓜、厚皮甜瓜尾孢叶斑病

症状 主要危害叶片。初生浅
褐色水渍状小斑，后扩展成近圆形至
不规则形黄褐色至暗褐色病斑，边缘
较明显。湿度大时病斑表面产生灰褐
色霉层，即病原菌的分生孢子梗和
分生孢子。

病原 *Cercospora citrullina*

Cooke，称瓜类尾孢，属真菌界子囊
菌门尾孢属。

厚皮甜瓜尾孢叶斑病病叶

传播途径和发病条件 病菌以
菌丝块或分生孢子随病残体或附着在
种子上越冬，条件适宜时产生分生孢
子借气流和雨水传播进行初侵染和再
侵染。多雨高湿利于该病扩展。

防治方法 ①选用无病种子，
提倡用隔年的陈种子。必要时，种子
用 55℃温水，恒温浸种 15 ～ 20min
后催芽播种。②发病重的地区可与非
瓜类作物实行 2 年以上轮作。③发病
初期喷洒 20% 唑菌酯悬浮剂 900 倍
液、70% 丙森锌可湿性粉剂 600 倍
液、50% 乙烯菌核利水分散粒剂 800
倍液、6% 氯苯嘧啶醇可湿性粉剂
1200 倍液。

薄皮甜瓜、厚皮甜瓜棒孢叶斑病

症状 又称靶斑病。主要为害
叶片，叶上初生浅褐色小点，后变成
浅黄褐色近圆形病斑，边缘颜色稍
深，病斑受叶脉限制呈多角形至不规

则形，有些病斑中央灰白色至浅黄褐色，湿度大、气温高时病斑通常较大，迅速干枯。该病症状与角斑病、霜霉病相似，需镜检病原才能确诊。

病原 *Corynespora cassiicola*（Berk.et Curt.）Wei，称多主棒孢，异名 *C.mazei* Güssow，均属真菌界子囊菌门棒孢属。除为害甜瓜外，还为害番茄、豇豆、大豆、黄瓜、木薯、番木瓜等。分生孢子梗直或屈曲，褐色或榄褐色，不分枝，表面光滑，顶端生分生孢子。分生孢子成熟脱落后，分生孢子梗从孢子痕处继续伸长，并在顶端长出新的分生孢子。分生孢子多为倒棍棒形，近无色或淡褐色，有多个隔膜。

厚皮甜瓜棒孢叶斑病初在叶面上现多角形褐斑

厚皮甜瓜棒孢叶斑病病斑边缘颜色略深

传播途径和发病条件 病菌以分生孢子丛或菌丝体随病残体在土壤中越冬。条件适宜时产生分生孢子借气流或雨水传播进行初侵染，发病后病部又产生新的分生孢子进行多次再侵染，致该病迅速扩展。发病气温 20～30℃，相对湿度高于 90%。气温 25～27℃和湿度饱和则发病重。

防治方法 ①采收后要及时清除病残体，集中深埋或烧毁，以减少初始菌源。②发病重的地区，实行与非瓜类、豆类 2～3 年以上轮作。③加强田间管理，严禁大水漫灌，雨后及时排水，浇水改在上午，防止结露次数多，持续时间长，防止湿气滞留，棚室保护地要特别注意通风散湿。④发病初期喷洒 32.5% 苯甲·嘧菌酯悬浮剂 1500 倍液混加 27.12% 碱式硫酸铜悬浮剂 500 倍液，或 70% 甲基硫菌灵 500 倍液混加 12.5% 腈菌唑 1000 倍液，或 10% 苯醚甲环唑水分散粒剂 900 倍液，或 75% 肟菌·戊唑醇水分散粒剂 3000 倍液。隔 10 天 1 次，连续防治 2～3 次。

薄皮甜瓜、厚皮甜瓜白粉病

甜瓜白粉病俗称白毛，是甜瓜生产上最常见、最重要的气传病害。从苗期到成株期均可发病，但以进入中后期最为严重。若防治不住，常使甜瓜减产 20%，重者可达 50% 以上，且甜瓜的成熟度和含糖量受到很大影响。

症状 主要为害叶片，严重时也为害叶柄和茎蔓。初在叶面生黄色褪绿斑，后正背两面生出白色小粉点，叶片正面褪绿具不规则黄斑，小白粉点逐渐扩展成较大的白色粉斑，散布在叶面上，后多个病斑相互融合成片，致叶面布满白粉，病斑由白色变成灰白色，病重叶片变黄卷曲或提早干枯。后期在白粉层中可见到小黑点，即病菌有性态——闭囊壳。

病原 我国引起甜瓜白粉病的病原国际上普遍认为主要是 *Podosphaera xanthii*（称苍耳叉丝单囊壳）和 *Golovinomyces cichoracearum*（称菊科高氏白粉菌），前者是甘肃、浙江、宁夏甜瓜和上海西瓜、甜瓜白粉病的主要病原菌，也是北京、陕西、黑龙江、海南、吉林、新疆瓜类作物白粉病主要病原菌。总体上看苍耳叉丝单囊壳在世界范围内分布更广泛，危害性更大。该菌闭囊壳在灰黄至褐色菌丝表面较常见，直径 70～120μm。子囊 1 个，无小柄，卵圆形至椭圆形，大小（63～980）μm×（46～74）μm，每个子囊有 8 个子囊孢子，单胞，无色，椭圆形，大小为（15～26）μm×（12～17）μm。分生孢子椭圆形，内有发达的纤维状体。分生孢子从侧面萌发，长出杈状、管状萌发管。无性态为 *Oidium erysiphoides*，称白粉孢，分生孢子成串，无色，腰鼓形、广椭圆形，大小（19.5～33）μm×（12～18）μm，分生孢子梗不分枝。主要为害甜瓜、黄瓜、南瓜、冬瓜等。

薄皮甜瓜白粉病初发病时叶面现黄色褪绿斑和白粉斑

甜瓜白粉病病叶

厚皮甜瓜叶片上的白粉病

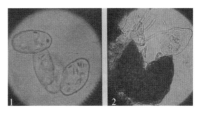

苍耳叉丝单囊壳的分生孢子、闭囊壳、子囊

1—分生孢子；2—闭囊壳和子囊

传播途径和发病条件　南方和北方保护地内的病菌可以无性态分生孢子在瓜类上辗转传播。北方露地则以闭囊壳在病残株上越冬，条件适宜时产生分生孢子或子囊孢子，借气流、雨水、水滴传播，进行初侵染和多次再侵染，生产上 6 ～ 10 月发生。病菌耐干燥，高温干燥与高湿交替出现，有利于该病扩展。病菌生长温限 10 ～ 30℃，适宜温度为 20 ～ 25℃。相对湿度 25% ～ 85%，分生孢子均可萌发，相对湿度 45% ～ 75%，病害扩展快。每年 4 ～ 5 月，外界气温回升快，多风、干燥，室内湿度大，甜瓜正值生长中后期，白粉病极易流行。据观察此期间连阴天多，光照不足，浇水过量，室内湿度大，偏施氮肥，植株旺长，田间郁闭则发病很重，难于清除。

防治方法　①选用抗白粉病的甜瓜品种。如泽甜 1 号、龙甜 1 号、龙甜 4 号 F1、娜依鲁网纹甜瓜、伊丽莎白、蜜龙、中甜 1 号、兰丰杂 1 代、蒙娜丽莎（我国台湾）、阿丽丝（日本）、齐甜脆、海蜜 2 号、黄河蜜瓜、春丽、鲁厚甜 4 号、五金香、甬甜 2 号、京玉 1 号、京玉 268、香玉甜瓜、网纹甜瓜、雪娃薄皮甜瓜。②浸种消毒，用 55℃温水浸种 15min，可杀灭种子上的白粉菌。③培育无病壮苗，选择 3 年以上没种过甜瓜、西瓜等瓜类作物的壤土作苗床，并用 50% 多菌灵粉剂对床土进行消毒，有条件的采用无土育苗，播种后苗床保持 18℃以上，湿度低于 60%，如苗床湿度大可撒少量草木灰并通风降湿，定植前 7 ～ 10 天炼苗，栽植无病苗。④清洁田园。日光温室前茬收后应及时清理，甜瓜生长期及时除草，发现病叶及时摘除，带到田外烧毁。⑤熏蒸消毒。定植前对棚室消毒灭菌，每 100m² 用 0.3kg 硫黄加适量锯末分 5 处堆放，点燃后密闭熏 1 昼夜，隔 3 天再熏 1 次，可杀死棚中的白粉菌。⑥科学管理，增强甜瓜对白粉病的抗性。采用甜瓜测土配方施肥技术，施足底肥，特别要重施腐熟有机肥或复混肥，深翻细耙；合理密植，及时整枝打杈，加强通风透光；生育中期及时追肥，特别是磷、钾肥，并用好叶面肥，培育健壮枝蔓，增强群体抗病力。⑦合理调控温、湿度，创造一个适宜甜瓜生长而不利于白粉病发生扩展的环境条件。一是要科学灌水。灌水要做到适时，但要掌握阴天不浇晴天浇，下午不浇上午浇，不浇大水浇小水，不浇冷水浇温水，不浇明水浇暗水，即膜下灌溉。二是适时放风。早上放风 1h，降低棚内湿度，然后马上关闭；当温度上升到 33℃时，再放风，使棚温降至 20 ～ 25℃，相对湿度降到 60% ～ 70%，再关闭风口；到傍晚时还要继续放风，使湿度保持在 70% 左右，再关闭风口。下半夜湿度虽又上升至 85% 以上，但由于温度下降至 12 ～ 13℃，对白粉病不利。浇水后要关闭风口，使温度上升到 32℃并维持 1 ～ 2h，然后再大放风降湿。温、湿度调控好了，就可不发病。⑧干旱年份要主防白粉病。当甜瓜进入生长中后期，出现大雾或连阴天以后，甜瓜白粉病就会大发生。防治技术关键是在出现雨雾之后，马上喷药预防。生产上提倡较正常年份发病期提前15天进行喷药保护，可选用10%己唑醇乳油3000～4000倍液或10%苯醚甲环唑微乳剂900倍液或25%乙嘧酚悬浮剂800～1000倍液进行预防，隔10天1次。当棚内出现中心病株时，马上喷洒1%蛇床子素水剂800倍液或20%唑菌酯悬浮剂800～1000倍液或25%吡唑醚菌酯乳油1500倍液或4%四氟醚唑水乳剂1200倍液或75%肟菌·戊唑醇水分散粒剂3000倍液或5%烯肟菌胺乳油（667m^{2}用60～100ml，对水45～75kg，均匀喷雾）。把白粉病控制在点片发生阶段。

薄皮甜瓜、厚皮甜瓜霜霉病

近年甜瓜栽培面积不断扩大，从春到冬各季均有种植，不仅有露地栽培，还有大棚、温室越夏栽培、秋及秋延后栽培、越冬栽培等多种方式，生产上甜瓜霜霉病发生普遍，危害重，以夏秋露地和保护地栽培受害重，轻者减产，重者绝收，成为甜瓜生产上的重要病害。

症状 在甜瓜生育中后期果实膨大时开始发病，进入成熟期最易感染霜霉病，自然条件下结果之前很少发病。主要为害薄皮甜瓜、厚皮甜瓜叶片。病斑初期呈水浸状，后产生多角形黄色至黄褐色大斑，病斑扩展受叶脉限制，与细菌性角斑病十分相似，但在早晨或阴雨天空气湿度大时，可见到叶背面生出稀疏的褐色至灰褐色霉层，即霜霉菌的孢囊梗和孢子囊，有别于细菌性角斑病，看不清时需镜检病原进行区别。发病重的叶片焦枯卷曲。

病原 *Pseudoperonospora cubensis*（Berkeley&Curtis）Rostovtsev，称古巴假霜霉，属假菌界卵菌门霜霉属。

厚皮甜瓜霜霉病发病初期的黄色和黄褐色大斑

厚皮甜瓜霜霉病发病初期的黄色病斑放大

反季节厚皮甜瓜北京12月初发生
霜霉病出现黄褐色斑

反季节厚皮甜瓜北京12月初发生
霜霉病叶背面的孢子囊

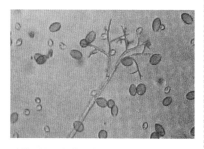

甜瓜霜霉病菌的古巴假霜霉的孢囊梗、
孢子囊、游动孢子（杨渡）

传播途径和发病条件 霜霉病是典型的气传流行性病害，发生和流行与降雨及棚内湿度关系十分密切。田间空气相对湿度达80%以上时，有利于发病，并产生大量病菌孢子，病菌孢子借气流、水流、田间操作继续传播。如果甜瓜生长后期连续降雨4天或多日连阴，就可造成甜瓜霜霉病大流行。叶片感病后2～3天出现病斑。短时间内，约7天就可造成大面积叶片焦枯，造成较大损失；7～15天可造成全田叶片枯死，瓜农俗称"跑马干"。该病一般于5～6月在早春大棚或温室甜瓜、黄瓜上发病，7～8月在露地甜瓜、黄瓜上重发。2006年11月下旬霜霉病在北京郊区严重危害秋冬茬甜瓜，造成栽培失败。现在看来只要棚内有霜霉病发病条件存在，霜霉病就可发生或大发生。

防治方法 ①选用抗病品种，如伊丽莎白、玉姑、状元、古拉巴、厚皮甜瓜五金香、海蜜2号、黄河蜜瓜、薄皮甜瓜白美人、泽甜1号、雪娃等较抗病。②不要与瓜类连作，雨后及时排水，采用测土配方施肥技术，增施有机肥，氮磷钾配合施用，合理密植，及时整枝打杈，防止瓜株生长过旺，改善田间通风条件。③利用微生态调控防治霜霉病。甜瓜开花后，每667m^{2}用尿素0.2kg、白糖（或红糖）0.5kg，对水40～50kg，叶面喷施，每5～6天1次，连喷4～5次；或每667m^{2}用高美施UA-102营养素等有机活性液肥500倍液50～70kg，喷施于叶面及根部土壤，7～10天1次，连喷2次，以增强植株抗性，预防发病；也可用3kg生石灰对水50kg，浸泡24～48h，滤出清液喷施，既能杀菌，又能促进根系吸收养分和养分在植株体内的运转、利用，增强抗病能力。此外，叶面微环境中的半胱氨酸、甲硫氨酸能够抑制甜瓜霜霉病的发生。尤其是降低叶面微环境的酸度，使 pH 值 7.5～10.4，则可大大减少霜霉病的发生。④药剂防治。从初见病斑时马上喷洒 60% 唑醚·代森联水分散粒剂（每 667m² 用 40～60g，对水 45～60kg）或 50% 锰锌·氟吗啉可湿性粉剂（每 667m² 用 100～150g，对水 45～75kg）或 250g/L 双炔酰菌胺悬浮剂（每 667m² 用 30～40ml，对水 45～60kg，均匀喷雾）；也可喷淋 50% 烯酰吗啉可湿性粉剂 1500～2000 倍液、85% 波尔·霜脲氰可湿性粉剂 700 倍液、687.5g/L 氟菌·霜霉威悬浮剂 700 倍液、0.3% 丁子香酚·72.5% 霜霉威盐酸盐 1000 倍液。

薄皮甜瓜、厚皮甜瓜疫病

症状 甜瓜疫病又叫疫霉病，始发于 20 世纪 70 年代初期，主要为害甜瓜植株根茎基部，蔓延较快，是甜瓜果实膨大期瓜秧大量死亡的重要原因。受害植株初期根茎基部表皮呈水浸状，并在皮层上不断扩展，瓜秧由最初的生理性萎蔫到不可逆的整株萎蔫。

病原 *Phytophthora drechsleri* Tucker，称掘氏疫霉，属假菌界卵菌

厚皮甜瓜疫病出现的中心病株

厚皮甜瓜疫病茎基部呈水渍状

甜瓜疫病茎蔓上的水渍状病变

甜瓜疫病果实上的症状

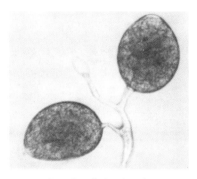

掘氏疫霉菌孢子囊形态

门疫霉属。异名 *P.melonis*，称甜瓜疫霉。在 V8 汁培养基上产生近白色菌丛，孢子囊下部圆形，乳突不明显。藏卵器近球形，雄器围生，卵孢子球形。

传播途径和发病条件 该病是土传病害，病菌以卵孢子随病残体在土壤中越冬，条件适宜时长出孢子囊，借风、雨、灌溉水传播蔓延，进行初侵染和多次再侵染。发病适温 28 ～ 35℃，在适温范围内该病流行与否的决定因素主要是雨水和灌溉水，雨水多，大水漫灌、串灌淹没瓜株，低洼积水处发病重。各甜瓜产区均有不同程度发生，应引起生产上的重视。

防治方法 按照预防为主、综合防治的植保方针，加大农业栽培措施的力度，减少病菌侵染源。①种过瓜菜的地，要实行 3 年以上轮作。②选用五金香等抗病品种。耐疫病品种有新蜜 13 号、黄醉仙等厚皮甜瓜。用其他品种时要进行种子消毒，用 36% 盐酸稀释 0.72%，浸

种 20min，清洗后催芽，有效又安全。③合理灌水是防治甜瓜疫霉病主要措施之一。瓜沟内水位线以沟深 2/3 为宜。随植株生长，水位线应逐渐降低，绝不能有大水浸泡根茎部，更不能水淹瓜蔓。采收前 15 天停止浇水。④采用甜瓜测土配方施肥技术，氮磷钾合理搭配，提倡深施有机肥和甜瓜专用肥，增强抗病力。⑤发病前喷洒 1 : 0.5 : 200 倍式波尔多液或 77% 波尔多液保护。发病初期喷洒或浇灌 50% 烯酰吗啉水分散粒剂 1500 ～ 2000 倍液、25% 吡唑醚菌酯乳油 1500 倍液、32.5% 苯醚甲环唑·嘧菌酯悬浮剂 1000 倍液、60% 唑醚·代森联水分散粒剂 1500 倍液。也可用 27.12% 碱式硫酸铜悬浮剂 500 倍液混加 722g/L 霜霉威水剂 700 倍液，或 72.2% 霜霉威水剂 700 倍液混 77% 氢氧化铜可湿性粉剂 700 倍液，或 250g/L 双炔酰菌胺悬浮剂（每 667m² 用 30 ～ 50ml，对水 45 ～ 75kg），或 18.7% 烯酰·吡唑酯水分散粒剂（每 667m² 用 75 ～ 125g，对水 100kg，均匀喷雾），10 天左右 1 次，防治 2 ～ 3 次。

薄皮甜瓜、厚皮甜瓜瓜笄霉花腐病

症状 又称果腐病。为害花和幼瓜，花器枯萎，有时呈湿腐状，上生一层白霉，即病菌孢囊梗，梗端着生头状黑色孢子。扩展后蔓延到幼果，导致果腐。

厚皮甜瓜瓜笋霉花腐病症状

厚皮甜瓜链格孢拟黑斑病

病原 *Choanephora cucurbitarum*(Berk. et Rav.)Thaxt.，称瓜笋霉，属真菌界接合菌门笋霉属。

传播途径和发病条件 病菌以菌丝体随病残体或产生接合孢子在土壤中越冬，翌年甜瓜开花期开始侵染生活力衰弱的花或果实。雨日多或高湿易发病。

防治方法 ①与非瓜类蔬菜进行 3 年以上轮作。②坐瓜后及时摘除病瓜和残花。③发病初期喷洒 65% 百·多可湿性粉剂 600 ～ 700 倍液。

薄皮甜瓜、厚皮甜瓜拟黑斑病

症状 又称甜瓜褐腐病，发生在生长中后期。主要为害叶片、茎蔓或成熟果实，以叶片受害为主。植株染病常从中下部老叶开始，产生圆形坏死病斑，灰褐色至紫褐色，具有不明显轮纹。果实染病，多发生在日灼处，近圆形，病部变褐，后期在病斑上产生黑色霉状物，即病原菌的分生孢子梗和分生孢子。

薄皮甜瓜香瓜果实上的拟黑斑病

病原 *Alternaria alternata*(Fr.) Keissler，称链格孢，异名 *A.tenuis* Ness，属真菌界子囊菌门链格孢属。

传播途径和发病条件 链格孢腐生性较强，寄主范围广泛，可在多种蔬菜或作物上存活，只要条件适宜，就会产生大量分生孢子，借气流、雨水、灌溉水传播，侵染生长衰弱或有伤口或局部坏死或过度成熟的甜瓜果实。气温 23 ～ 27℃、相对湿度高于 90% 即可发病，甜瓜采收期雨日多或棚内湿度高发病重。

防治方法 ①果实发病重的地区或田块采用搭架栽培法，把近地面的果实垫起，果实成熟后及早采收。②发病初期喷洒 50% 腐霉利、50%

异菌脲悬浮剂 1000 倍液、40% 嘧霉胺悬浮剂 1000 倍液、560g/L 嘧菌酯·百菌清悬浮剂 800 倍液、40% 百菌清悬浮剂 700 倍液、70% 代森锰锌与 25% 嘧菌酯悬浮剂（按 9 : 1 配比，增效作用最好）。

薄皮甜瓜、厚皮甜瓜 瓜链格孢叶枯病

甜瓜叶枯病多发生在生长中后期，果实膨大期极易染病。近几年来，随着甜瓜种植面积的扩大，叶枯病也逐年加重，严重影响甜瓜品质和产量。近年新疆北部、东部发病率高达 100%。

症状　主要为害甜瓜的叶片、果实、茎蔓，但以叶片受害最重。发病初期，叶片上现水渍状的褐色小点，逐渐扩大成圆形至不规则形褐色至黑褐色斑，直径为 2 ~ 5mm，稍凹陷，深褐色，边缘隆起，病健部分界分明，病斑多时融合为大斑，叶片就像被开水浇过一样，不久即焦枯。茎蔓染病，产生梭形或椭圆形稍凹陷的病斑。果实受害，果面上出现圆形褐色的凹陷斑，常有裂纹，病菌可逐渐侵入果肉，造成果实腐烂。随病害扩展多个病斑相互融合成大坏死斑，终致叶片干枯而死，后期湿度大时病斑正背两面常产生黑色霉状物，即病原菌的分生孢子梗和分生孢子。天气闷热干燥持续时间长见不到黑色霉。近年育出的北蜜系列厚皮甜瓜、甜橙 10 号等

薄皮甜瓜在反季节栽培时，也有发生，从症状上看与甜瓜靶斑病、细

薄皮甜瓜瓜链格孢叶枯病叶片上的病斑

厚皮甜瓜果实上的瓜链格孢叶枯病

菌性角斑病、霜霉病很易混淆，诊断时需镜检病原，以便防治时做到对症下药。

病原　*Alternaria cucumerina*（Ellis.et Everhart）Elliott，称瓜链格孢，属真菌界子囊菌门链格孢属。菌丝在 4 ~ 36℃均能生长，最适温度 25 ~ 31℃。分生孢子在 5 ~ 40℃均能生长，最适温度为 25 ~ 31℃。分生孢子在 5 ~ 40℃均可萌发，最适温度为 15 ~ 31℃，5℃经 4h 萌发率为 5.5%，10℃为 43%，25℃为 79.5%。孢子在水滴中经 8h 萌发率达

88%。分生孢子萌发以基部细胞萌发为主，其次为中部细胞，顶部细胞很少萌发。

传播途径和发病条件 病菌以菌丝体和分生孢子在病残体上或以分生孢子在病组织上越冬，也可以分生孢子附在种子上越冬。条件适宜时，分生孢子借风雨或灌溉水传播，分生孢子落到甜瓜植株上以后，只要条件适宜，分生孢子可直接侵入叶片，发病后病部又极迅速产生大量分生孢子进行多次再侵染。春、秋两季甜瓜遇有高温高湿条件，或甜瓜生长期间进入雨季雨日多，或浇水后放风力度不够，棚内湿度居高不降很易诱发该病发生或流行，生产上白粉病严重，中后期脱肥，生长衰弱的棚室受害重。

防治方法 ①选用抗病品种，合理轮作倒茬，深翻改土；采用无土育苗或无菌土育苗方式，培育壮苗，增强植株自身的抵抗能力。②加强栽培管理。a.采取高畦宽垄栽培，合理密植，科学整枝，以利通风透光。b.加强温、湿度调控，既要注意保温防寒，又要注意通风降湿，以减轻病害的发生。开花坐果前，棚温白天保持在 25 ～ 28℃，夜间 16 ～ 18℃，当棚温达到 28℃时应揭开棚膜通风；坐果后，随着外界气温的回升，通风量也要适当加大，夜间温度过高时也要通风。棚内空气相对湿度最高不超过 80%，白天棚温要求在 28 ～ 32℃，不超过 35℃，夜间在 15 ～ 18℃，保持昼夜温差在 11℃以上，以提高甜瓜的品质，有效地抑制病害的发生。c.加强肥水管理。合理施用腐熟的粪肥，增施磷、钾肥及微肥；并适时浇水，一般在晴天的上午浇水，天气炎热时早晚浇，控制好浇水量，防止大水漫灌，促使植株健壮生长，提高抗病能力。③清洁田园。生长期或收获后应及时清理田园，病残体不能堆放在棚边，要集中深埋或焚烧，以减少病菌侵染来源。④发病初期及早喷洒 10% 苯醚甲环唑微乳剂 900 倍液、25% 嘧菌酯悬浮剂 1000 倍液、5% 异菌脲可湿性粉剂 1000 倍液、50% 咯菌腈可湿性粉剂 5000 倍液、68.75% 噁唑菌酮·代森锰锌水分散粒剂 1000 倍液、29% 嘧菌酯·戊唑醇悬浮剂 1500 ～ 2000 倍液、2.1% 丁子·香芹酚水剂 600 倍液、40% 百菌清悬浮剂 600 倍液。隔 7 天 1 次，连续防治 2 ～ 3 次。

薄皮甜瓜、厚皮甜瓜西葫芦生链格孢大斑病

症状 又称甜瓜大斑病。主要为害甜瓜、厚皮甜瓜叶片。病斑多发生在中下部叶片上，初生中央灰褐色、边缘黄褐色大型病斑，病斑直径 10mm 以上，同心轮纹不大明显，病斑两面生有暗褐色霉层，即病原菌的分生孢子梗和分生孢子。

病原 *Alternaria peponicola*（G. L. Rabenhorst）E.G.Simmons，称西葫芦生链格孢，属真菌界子囊菌门链格孢属。除为害甜瓜、白兰瓜、哈密瓜、伊丽莎白甜瓜外，还为害南瓜、

丝瓜、西葫芦、苦瓜等。

厚皮甜瓜西葫芦生链格孢大斑
病病斑急性型扩展

厚皮甜瓜西葫芦生链格孢大斑
病叶片上的病斑和子实体

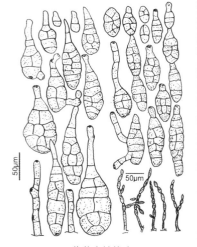

西葫芦生链格孢

传播途径和发病条件 病菌以菌丝及分生孢子在病叶组织内外越冬，成为翌年的初侵染源。在甘肃河西地区，6月下旬田间开始出现病斑，7月上、中旬病情扩展不快，进入7月下旬至8月上旬病情迅速扩展达发病高峰。这时正是甜瓜增糖期，发病严重时影响糖分积累。潜育期，20～30℃时为3～4天，7～17℃时为8～9天。该病发生程度与湿度密切相关，东西向栽培的旱塘，北坡面发病重，南坡面发病轻。这是由于夜间露时长短不同造成的。兰州以西内陆干旱灌溉区，昼夜温差大，夜间温度低，7～8月常在10～15℃，而瓜类作物生长中后期浇水较多，因此瓜田夜间常有6～8h露时。早晨露水散失时阳坡面较快，阴坡面较慢，每天相差约1h以上，因此北坡面发病重。从浇水时间看，开花前浇第一水时发病重，而坐瓜后再浇水时则发病轻。这是由于提早浇水提早结露，以及过早浇水植株前期徒长，组织柔嫩，降低了叶片的抗病力。河套蜜瓜、Cinco、W-5、老铁皮、蜜露原种及人工接种的发病较轻，而73-2、可可奇、黄麻皮、*Aranas yokneam*等品种高度感病。看来，白兰瓜系统抗病性较强，哈密瓜系统抗病性较弱。

防治方法 ①加强管理，推迟瓜田浇第一水的时间，即在坐瓜后待长至核桃大小时浇第一水；清除病残组织，减少初侵染来源。②种植蜜露原种、河套蜜瓜等抗性较强的品种。③用无病种子，必要时种子可用40%拌种双200倍液浸种24h，冲洗干净后催芽播种，也可用55℃温水浸种15min。④采用测土配方施肥技术，施用生物有机肥或充分腐熟的有机肥，注意增施磷、钾肥，以增强寄主抗病力。⑤棚室甜瓜应抓好生态防治，由于早春定植昼夜温差大，白天20～25℃，夜间12～15℃，相对湿度高达80%以上，易结露，利于此病的发生和蔓延。应重点调整好棚内温、湿度，尤其是定植初期，闷棚时间不宜过长，防止棚内湿度过大、温度过高，做到水、火、风有机配合，减缓该病发生蔓延。必要时在发病初期采用粉尘法或烟雾法。a. 粉尘法。喷撒康普润静电粉尘剂，每667m² 用800g。b. 烟雾法。于傍晚点燃45%百菌清烟剂，每100m³ 用药25～40g，熏1夜，视病情连续或交替轮换使用。⑥提倡在发病前喷洒75%百菌清可湿性粉剂600倍液或25%嘧菌酯悬浮剂1500倍液预防。⑦发病初期喷洒21.4%氟吡菌酰胺·肟菌酯悬浮剂1500倍液或32.5%苯醚甲环唑·嘧菌酯悬浮剂1000倍液、56%嘧菌酯·百菌清800倍液、70%代森联水分散粒剂600倍液、50%咯菌腈可湿性粉剂5000倍液、50%腐霉利可湿性粉剂1200倍液、10%苯醚甲环唑微乳剂900倍液、50%乙烯菌核利可湿性粉剂800倍液、68.75%噁唑菌酮·代森锰锌水分散粒剂1000～1500倍液、29%嘧菌酯·戊唑醇悬浮剂1800倍液、2.1%丁子·香芹酚水剂600倍液。隔7～10天1次，连续防治2～3次，可明显提高防效。每667m² 用对好的药液50L，采收前7天停止用药。

薄皮甜瓜、厚皮甜瓜红粉病

症状 近年该病已成为甜瓜生产上新流行病害之一，有日趋严重之势。甜瓜、厚皮甜瓜红粉病主要为害叶片和茎蔓及果实。叶片染病，从叶片中间或叶缘开始发病，初在叶片上产生圆形、椭圆形或不规则形病斑，直径2～50mm。病健部界限明显，病斑呈褐色，一般不穿孔，偶有裂开，湿度大时呈水渍状，上生浅橙红色霉状物，即病原菌的菌丝、分生孢子梗和分生孢子，严重时多个病斑融合，致叶片腐烂枯死。茎蔓染病，出现茎节间开裂，产生水浸状橙红色不规则形条形病斑。果实染病产生浅橙红色病斑，上生粉红色霉层，即病原菌分生孢子梗和分生孢子。此病有时与镰刀菌腐烂症状不易区别，粉红单端孢引起的红腐病病症通常为橙红色或粉红色的霉状物，病斑下的果肉淡褐色，扩展较慢。镰刀菌引起的红粉病，霉状物白色至粉红色，病斑下的果肉紫红色或玫红色，扩展较快，有时病斑表面还可产生橙红色黏质小粒，是镰刀菌的黏分生孢子团。

薄皮甜瓜红粉病为害叶片症状

薄皮甜瓜红粉病为害香瓜果实

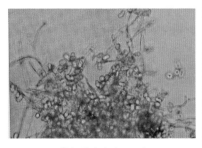

粉红单端孢（王勇）

病原　*Trichothecium roseum*（Pers.）Link，称粉红单端孢，属真菌界子囊菌门聚端孢属。该菌在 10～35℃条件下均能生长，适宜生长温限15～30℃，25℃时生长最好，温度低于5℃或高于40℃菌丝不能生长。适应 pH 值 3～11.5，在中性偏酸条件下比中性偏碱条件下菌丝生长好，

甜瓜上的分生孢子致死温度 54℃。

传播途径和发病条件　病菌广泛分布在空气中、土壤中及各种残体上，从伤口侵入，储运中主要靠接触传播进行初侵染。有机械损伤、冷害伤口易发病。网纹甜瓜、香瓜、哈密瓜、白兰瓜果皮缺乏愈伤能力，特别容易遭害。未成熟的甜瓜发病轻。

防治方法　①尽快选育抗红腐病的品种。②提倡与十字花科蔬菜进行轮作。③清洁棚室。定植甜瓜前进行空棚消毒，可用硫黄粉熏蒸，以清除残存的粉红单端孢菌，夏季提倡采用太阳能日光消毒法，密闭数日，可杀死残存病菌。④种子消毒。甜瓜播种前晒种 2～3 天，然后用 50℃温水浸泡 10min，不断搅拌，随水温自然冷却，浸泡 1h，冲洗干净后，28～30℃催芽，种子露白即可播种。⑤施足有机肥，注意栽植密度，适时浇水追肥，做到肥水均匀，适时通风，降低棚内湿度，可减少发病。⑥适时采收，不宜过晚，尽量减少伤口。⑦控制储藏库温、湿度，白兰瓜 5～8℃，哈密瓜 3～9℃，相对湿度不高于85%，并注意通风换气。⑧甜瓜近成熟期喷洒 10% 苯醚甲环唑水分散粒剂 900 倍液或 50% 异菌脲可湿性粉剂 1000 倍液。

薄皮甜瓜、厚皮甜瓜镰孢红粉病

症状　又称镰刀菌果腐病，主要为害果实和茎蔓。多先在果柄处

产生圆形稍凹陷浅褐色病斑，直径10～30mm，后期病斑周围常呈水浸状，病部可稍开裂，裂口处生出白色至粉红色菌丝、分生孢子梗和分生孢子。果肉发苦，不能食用。该病霉状物色泽较多，但常呈白色至粉红色，病斑下的果肉玫红色或紫红色，扩展较快，有时病斑表面还产生橙红色的黏质小粒，数量多少不一，是镰刀菌的分生孢子团，以上特点区别于粉红单端孢引起的红腐病。

病原　主要有 *Fusarium semitectum* Berk.& Rav.（称半裸镰孢）、*F.moniliforme* Sheldon var. *subglutinans* Wollenw.et Reink.（称串珠镰孢胶孢变种）、*F.oxysporum* Schlecht（称尖镰孢菌）和 *F.solani*（Mart.）App. et Wollenw.（称茄病镰孢），均属真菌界子囊菌门镰刀菌属。生产上引起红粉病的镰刀菌不止以上4种，国外报道还有 *F.graminearum* Schw.、*F.avenaceum*（Fr.）Sacc 等。从有枯萎病瓜田采收的甜瓜，储藏期发现有镰刀菌果腐病，但不一定由尖孢镰刀菌引发，需要进行培养鉴定才能确诊。

薄皮甜瓜镰孢红粉病病蔓上的
菌丝和分生孢子

厚皮甜瓜镰孢红粉病瓜上的
菌丝和分生孢子

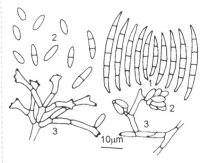

串珠镰孢胶孢变种
1—大型分生孢子；2—小型分生孢子；
3—产孢细胞

传播途径和发病条件　镰刀菌可在土壤中或随病组织越冬。生产上在植株下部或近地面的果实或茎蔓、叶柄上有生理裂口或伤口或处在生长势衰弱的情况下，条件适宜病菌就能由伤口侵入，发病后进行多次再侵染。生产上湿度大或高温潮湿或浇水过多的下水头发病重。

防治方法　①提倡铺地膜栽培甜瓜，防止果实、茎蔓等部位与土壤接触。②雨后及时排水，适度放风，防止湿气滞留。③近成熟期于发病前喷洒50%多菌灵可湿性粉剂600倍液、36% 甲基硫菌灵悬浮剂 500 倍液、70% 丙森锌可湿性粉剂 600 倍液、70% 噁霉灵悬浮剂 1500 倍液。

薄皮甜瓜、厚皮甜瓜镰孢果腐病

症状 该病主要为害成熟果实。初生褐色至深褐色水浸状斑，大小 1.5～3cm，深约 1.5cm，病情扩展后内部开始腐烂，病组织白色或玫瑰色，湿度大或储运中病部长出白色至粉红色霉，即病原菌分生孢子梗和分生孢子。染病的华莱士甜瓜品种干枯呈海绵状。

病原 *Fusarium roseum* Link，称粉红镰孢，属真菌界子囊菌门镰刀菌属。分生孢子梗单生或集成分生孢子座；大型分生孢子两边弯曲度不同，中部近圆筒形，伸长成线形或镰刀状，两端渐细，分生孢子多为橙红色。菌丝及子座具多种颜色，苍白色或玫瑰色至紫色。

薄皮甜瓜镰孢果腐病病果

传播途径和发病条件 病菌在土壤中越冬，翌年果实与土壤接触，

遇有适宜发病条件即可引起发病，一般高温多雨季节或湿度大，光照不足，雨后积水，伤口多则发病重。

防治方法 ①施用酵素菌沤制的堆肥或腐熟的有机肥，采用地膜覆盖和高畦栽培。②多雨季节要注意雨后及时排水，适当控制浇水，地表湿度大要把果实垫起，避免与土壤直接接触。③加强田间管理，防止果实产生人为或机械伤口，发现病果及时采摘深埋。④发病后喷洒 20% 辣根素水乳剂（4L/667m²）或 60% 多菌灵可湿性粉剂 800 倍液、50% 甲基硫菌灵悬浮剂 600 倍液、75% 百菌清可湿性粉剂 600 倍液、47% 春雷·王铜可湿性粉剂 700 倍液，每 667m² 喷对好的药液 50L，隔 10 天左右 1 次，连续防治 2～3 次。

薄皮甜瓜、厚皮甜瓜根霉软腐病

症状 主要为害果实。甜瓜染病后，患病组织呈水渍状软化，病部变褐色，长出灰白色毛状物，上有黑色小粒，即病原菌的菌丝和孢囊梗。

薄皮甜瓜香瓜匐枝根霉软腐病

病原 *Rhizopus stolonifer* （Ehrenb. et Fr.）Vuill.，称匍枝根霉（黑根霉），异名 *R. nigricans* Ehrenb.，属真菌界接合菌门根霉属。

传播途径和发病条件 病菌为弱寄生菌，分布较普遍。由伤口或从生活力衰弱部位侵入，分泌大量果胶酶，破坏力大，能引起多种多汁蔬菜、瓜果及薯类腐烂。病菌在腐烂部产生孢子囊，散放出孢囊孢子，借气流传播蔓延。在田间气温22～28℃、相对湿度高于80%时适于发病，生产上降雨多或大水漫灌，湿度大则易发病。

防治方法 ①加强肥水管理，严防大水漫灌，雨后及时排水，保护地要注意放风降湿。②发病后及时喷洒20%辣根素水乳剂（4L/667m²）或50%甲基硫菌灵悬浮剂600倍液、50%多菌灵可湿性粉剂600倍液、64%噁霜·锰锌可湿性粉剂500倍液。

薄皮甜瓜、厚皮甜瓜酸腐病

症状 甜瓜半成熟的果实上产生水渍状软腐，后病部现白霉，散发出酸味，造成果实腐烂。

厚皮甜瓜酸腐病病果

病原、传播途径和发病条件、防治方法参见西瓜、小西瓜酸腐病。

薄皮甜瓜、厚皮甜瓜枯萎病

症状 甜瓜枯萎病又称萎蔫病、蔓割病，甜瓜上发生较重。典型症状是萎蔫，全生育期均可发生，多以抽蔓期到结瓜期发病最重。播种后发病出现烂种，苗期造成子叶或全株萎蔫，茎基部变褐缢缩呈猝倒状。进入开花至坐瓜期发病，植株叶片从基部向顶端逐渐萎蔫，中午尤为明显，初期早晚尚能复原，数日后全株叶片萎蔫下垂，不能恢复。茎蔓基部缢缩，表皮粗糙，常现纵裂纹。湿度大时根茎部呈水渍状，表面有时产生白色至粉红色霉层，即病原菌的分生孢子梗和分生孢子。有些病株根变褐色，易拔出，皮层与木质部易剥开，维管束变褐色。

病原 *Fusarium oxysporum* f. sp.*melonis*（Leach et Currence）Snyder et Hansen，称尖孢镰孢甜瓜专化型，属真菌界子囊菌门镰刀菌属。小型分生孢子数量多，卵圆形、肾形，假头状着生于产孢细胞上，大小（5～12.6）μm×（2.5～4）μm；大型分生孢镰刀形，稍弯，向两端较均匀地逐渐变尖，基胞足跟明显，1～7个隔膜，多数3个隔膜，1～2个隔膜的大小（10～34）μm×（2.5～4）μm；3～4个隔膜的（23～56.6）μm×（3～5）μm。厚垣孢子易产生，球形，直径6～8μm，单生、对生或串生。产孢细胞短、单瓶梗，在菌丝上直接长出或在分生孢子座上呈丛生状。该菌在 8 ～ 34℃均能生长，最适分生孢子萌发和侵染温度 24 ～ 28 ℃，最适 pH 值 4.5 ～ 5.8。

传播途径和发病条件 病菌以菌丝体、厚垣孢子或菌核在土壤或未腐熟的带菌肥料及病残体中越冬，甜瓜种子内部和表面及病茎都能 100% 带菌。病菌通过导管从病茎经果梗传进果实，随果实腐烂再扩展到甜瓜种子上，生产上播种带菌的甜瓜种子，出苗后只要条件适宜就会引起发病。该菌在土壤中仍能存活 5 ～ 6 年，厚垣孢子及菌核通过家畜消化道以后仍然能够保存活力。该病在田间主要通过灌溉水、风雨及土壤耕作传播，从瓜株的根和根茎部的伤口侵入，也可从根尖、发芽种子的胚表皮细胞间隙侵入，先在细胞内或薄壁细胞间生长，然后进入维管束，镰孢菌在导管内发育，并分泌毒素、果胶酶、纤维素酶等，破坏细胞，堵塞导管，影响水分运输和甜瓜的新陈代谢，引起甜瓜植株萎蔫或枯萎。生产上土壤黏重、地势低洼、浇水量过大或大暴雨后田间积水、施用未腐熟肥料或氮肥过多发病重。

防治方法 ①选用抗病品种。薄皮甜瓜抗病品种有甜橙 10 号、龙甜雪冠、白美人薄皮甜瓜；厚皮（网纹）甜瓜抗病品种有春丽、京玉 280 厚皮甜瓜、棚抗 518、骄雪五号厚皮甜瓜、新蜜 13 号、中蜜 1 号、西域 1 号。

有机无土栽培薄皮甜瓜枯萎病发病
初期瓜株萎蔫

厚皮甜瓜哈密瓜枯萎病病株

厚皮甜瓜枯萎病病茎现纵裂

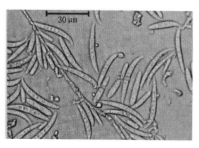

光学显微镜下甜瓜枯萎病菌大型分生孢子

②用50%多菌灵可湿性粉剂浸甜瓜种子15min或用60℃温水恒温烫种15min，边烫边搅拌。也可用2.5%咯菌腈悬浮剂10ml加35%甲霜灵乳化种衣剂2ml，对水180ml，包衣4kg甜瓜种子。③用营养钵育苗，每50kg营养土中加53%精甲霜·锰锌水分散粒剂10g和2.5%咯菌腈悬浮剂6ml拌匀，装入营养钵或铺在阳畦上，培育无病苗。④采用嫁接法防治甜瓜枯萎病。亲和性好、抗病性强的砧木品种有杂交南瓜品种圣砧1号、新土佐、世界星甜瓜根砧，采用插接法，提前3～4天播砧木，然后再播当地优良甜瓜品种，苗龄砧木2片子叶、1片真叶，甜瓜2片子叶平展时进行嫁接。也可采用顶插法嫁接，先把砧木的生长点用刀片去除，再用与接穗下胚轴粗度一致的竹签，从已去掉生长点的砧木切口处，靠一侧子叶朝着对侧下方斜插深1cm的孔，深度要求不穿破下胚轴表皮，再把接穗用刀片在生长点0.5cm处向下斜切成长为1cm的楔形，然后拔出竹签，把削好的接穗插砧木孔中，使砧木子叶和接穗子叶呈十字形，然后用嫁接夹固定。嫁接苗放入封闭的小拱棚内，湿度控制在95%以上，昼温25～28℃，夜温18～20℃，3天后早晚适当通风，两侧见光，中午喷雾1～2次，1周后中午遮光，10天后正常管理，及时去掉砧木萌芽，3～4片真叶时定植，嫁接口要高出地面5cm。⑤提倡采用高温闷棚＋多菌灵灌根防治甜瓜枯萎病。盛夏（北京6～8月，兰州7月1～21日）进行高温闷棚，地表土温最高可达72.2℃，地温49℃以上足以杀灭土壤中病菌，防效80%以上。加50%多菌灵500倍液灌根，防效可达90%。高温闷棚方法参见西瓜、小西瓜枯萎病。⑥药剂蘸根。定植时先把2.5%咯菌腈可溶液剂1000倍液配好，取15kg放在比穴盘略大的长方形容器里，再将穴盘整个浸入药液中，把秧苗根蘸湿即可。也可用25%咪鲜胺乳油1000倍液蘸根。⑦试用棉隆和申嗪霉素熏蒸消毒法处理土壤防治甜瓜枯萎病，具体做法参见本丛书《茄果类蔬菜病虫害诊治原色图鉴》分册茄子黄萎病。⑧药剂防治。发病前浇灌2.5%咯菌腈可溶液剂1000倍液或2.5%咯菌腈悬浮剂1200倍液混50%多菌灵可湿性粉剂600倍液，或25%咪鲜胺乳油1000倍液、50%乙霉·多菌灵可湿性粉剂1500倍液、70%噁霉灵可湿性粉剂1500倍液、50%异菌脲可湿性粉剂1000倍液、1%申嗪霉素悬浮剂700倍液。⑨利用噁霉灵对尖孢镰孢菌和生防木霉菌的敏感性差异与木霉菌结合施用，将成为提高瓜类枯萎病防治效果的重要手段，解决单用木霉菌防效不稳定之不足。提倡施用每克含1.5亿活孢子的木霉菌可湿性粉剂，每667m²用制剂200～300g，对水喷雾，与噁霉灵混用时加入噁霉灵的量按每667m²常用药量混入，防效明显高于单用木霉菌或噁霉灵，防效可达79.27%。

薄皮甜瓜、厚皮甜瓜炭腐病

症状 主要发生在根茎部。成株期染病，初在近地面的根颈部呈水渍状，后皮层易开裂或剥离，渗出褐色或咖啡色汁液，造成植株萎蔫。果实染病，果实表面干裂。病部干燥时可见黑褐色小粒点，即病菌分生孢子器或微菌核。

病原 *Macrophomina phaseoli* (Tassi.) Goid.，称菜豆壳球孢，异名 *M. phaseoli* (Maubl.) Ashby.，属真菌界子囊菌门壳球孢属。该菌除为害甜瓜外，还可为害西葫芦、南瓜、笋瓜、菜豆、豇豆、番茄、芋、胡萝卜等，导致茎腐病。

传播途径和发病条件 病菌以菌丝或菌核随病残体在土中越冬，翌春分生孢子器中释放出分生孢子借风雨传播，从伤口侵入，在田间不断地进行再侵染。遇高温、高湿条件或植株上有伤口易发病。

防治方法 ①与非瓜类、豆类作物进行3年以上轮作。②收获后及时清除病残体，集中深埋或烧毁。③适当密植，合理施肥、浇水。雨后

甜瓜炭腐病根茎部变褐表皮易开裂
渗出褐色汁液

反季栽培厚皮甜瓜炭腐病病根茎部症状

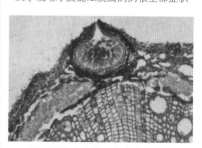

甜瓜炭腐病菌菜豆壳球孢分生孢子器横切面

厚皮甜瓜炭腐病病株症状

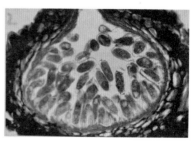

分生孢子器中的分生孢子放大

及时排水，防止湿气滞留。④发病初期开始喷洒 75% 百菌清可湿性粉剂 600 ～ 700 倍液、78% 波·锰锌可湿性粉剂 500 倍液、20% 噻菌铜悬浮剂 500 倍液、2.5% 咯菌腈悬浮剂 1000 倍液。

薄皮甜瓜、厚皮甜瓜蔓枯病

甜瓜蔓枯病又称烂蔓，是甜瓜生产上的重要病害，无论是冬春日光温室，还是早春和秋延后大棚及露地栽培甜瓜均有发生，其危害程度不亚于甜瓜疫病和枯萎病，严重时病株率高达 30% ～ 40%，造成严重减产。

症状 该病病菌主要为害甜瓜的根茎基部、主蔓、侧蔓、主侧蔓分枝处及叶柄，也为害叶片和果实。在蔓上病斑初呈油浸状，灰绿色，略凹陷，椭圆形、梭形或条斑形蔓延。在患病部位会分泌出黄褐色、橘红色至黑红色胶状物。后期病部干枯龟裂，呈灰白色，表面散生黑色小粒点即病菌的分生孢子器或子囊壳。病斑绕蔓扩展 1 周后患病部位逐渐缢缩凹陷，导致患病部位上部叶片萎蔫，最后全株枯死。叶片染病，在叶缘形成 "V" 字形褐色病斑，外缘淡黄色，有不明显的同心轮纹。果实受害初期呈水浸状病斑，中央褐色，干枯后呈星状破裂，引起甜瓜腐烂。

甜瓜蔓枯病与枯萎病的区别为该病病程长，病情发展较缓慢，剖视病茎，病菌主要侵害表皮层，维管束不变色，病部生黑色小粒点。

厚皮甜瓜蔓枯病京郊2007年4月大发生茎叶受害状

厚皮甜瓜蔓枯病病叶上的大斑

厚皮甜瓜蔓枯病叶柄受害症状

厚皮甜瓜蔓枯病茎蔓发病症状

厚皮甜瓜蔓枯病病蔓上现小黑点
（分生孢子器）

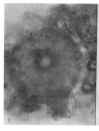

瓜茎点霉（宋凤鸣）
1—病斑上的分生孢子器；
2—器中的分生孢子

病原 *Didymella bryoniae*（Auersw.），称蔓枯亚隔壳，属真菌界子囊菌门亚隔孢壳属。无性型为 *Phoma cucurbitacearum*（Fr.：Fr.）Sacc，称瓜茎点霉属。子囊壳球形，黑褐色，子囊孢子无色透明，双胞，梭形至椭圆形，大小 13μm×5μm。分生孢子器生在表面，分生孢子长椭圆形，无色透明，两端钝圆，单胞或双胞，大小 8μm×3μm（参见西瓜、小西瓜蔓枯病病原）。菌丝生长温度 10～34℃，适温 25～28℃，pH 值 4～10 均可生长，最佳 pH 值 5～8。

传播途径和发病条件 病菌以分生孢子器和子囊座在病残体和土壤中越冬，种子也可带菌，条件适宜时，病菌产生分生孢子借雨水和气流传播，或由种子带菌引起发病形成中心病株。生长适温 20～24℃，病菌由茎蔓节间、叶、叶缘的水孔和伤口侵入。保护地栽培中高温高湿、通风不良、密度过大时发病严重。

防治方法 ①选用抗病品种，如伊丽莎白、中甜 1 号、雪丽王、甬甜 2 号、鲁厚甜 4 号、春丽、新蜜 13 号等。耐病品种有海蜜 2 号、白美人薄皮甜瓜等。②注意轮作倒茬，实行与非瓜类作物 2～3 年以上轮作，瓜类作物采收后，要及时清除病枝落叶，集中烧毁或进行高温沤肥。③选用无病种子或进行药剂拌种。甜瓜种子用 52～55℃温水浸种 25min 后催芽播种，也可用 25% 咪鲜胺乳油 1000 倍液浸种 30min，或用种子量 0.3% 的 50% 异菌脲或 75% 百菌清拌种。④采用甜瓜测土配方施肥技术进行测土施肥，施足腐熟有机肥，增施磷钾肥，进入生育后期要适量追肥，防止脱肥。⑤整枝打蔓需在晴天进行，打基部侧蔓时应留少半截，防止病菌从伤口侵入。⑥发病后要加强管理，注意通风，抑制该病扩展。⑦药剂防治：a. 定植时药剂灌根。用 32.5% 苯甲·嘧菌酯悬浮剂 1500 倍液混 27% 碱式硫酸铜 500 倍液、42.8% 氟吡菌酰胺·肟菌酯悬浮剂 2100～3000 倍液、560g/L 嘧菌·百菌清悬浮剂 700 倍液、50% 多·福·溴 800 倍混 3% 中生菌素 800 倍液、2.1%

丁子·香芹酚水剂 600 倍液、60% 唑醚·代森联水分散粒剂 1500 倍液、25% 吡唑醚菌酯乳油 3000 倍液灌根，方法是把穴盘苗放入穴中，先喷淋穴苗，再封埋穴土，0.5kg 对好的药液可喷 5 株。缓苗后至生长期，每株灌 0.2 ～ 0.5kg 药液，隔 7 ～ 10 天 1 次，连续 2 ～ 3 次。甜瓜进入膨果期对铜制剂敏感，应尽量少用。b. 药剂涂抹。对茎蔓染病的，于发病初期用 2.1% 丁子·香芹酚水剂 100 倍液或 25% 咪鲜胺乳油 200 倍液或 50% 多菌灵悬浮剂 100 倍液加 70% 代森锰锌可湿性粉剂 100 倍液，再加少量面粉拌成稀糊状用毛笔或小刷子涂在病部。也可用 70% 甲基硫菌灵、80% 代森锰锌和水按 1：1：1 的比例调成糊状，直接涂抹病部，隔 2 ～ 3 天涂 1 次，连续 2 ～ 3 次，可抑制该病扩展。

薄皮甜瓜、厚皮甜瓜流胶病

症状 茎蔓染病多发生在基部分枝或近节处，病部首先长出灰褐色不规则形病斑，后病斑纵向蔓延，有时溢出琥珀色胶状物。由于节点被害严重阻止了水分和营养成分的运输后，造成未被侵染的茎蔓及叶片部分或全部变黄、萎蔫，造成瓜株死亡。

病原、传播途径和发病条件、防治方法参见黄瓜、小黄瓜流胶病。

薄皮甜瓜、厚皮甜瓜死棵

症状 甜瓜死棵主要由甜瓜蔓枯病和甜瓜细菌软腐病侵染甜瓜后引起枯死。甜瓜蔓枯病先为害植株茎基、瓜蔓、叶、叶柄和果实，初在近地面茎基处产生不规则水渍暗绿色斑，后绕茎一周向上下扩展，向上越过主茎分枝，致分枝染病，向下病部溢出褐色汁液造成表皮腐烂，病部长出黑色小粒点。湿度大时病斑环茎一周呈水渍状腐烂，经 10 ～ 15 天整株枯死。

甜瓜细菌性软腐病，主要为害茎和果实，从伤口侵入，从病部向内腐烂，病部出水，严重时茎蔓烂断，致病部以上枯死。此外，细菌溃疡病、青枯病、菌核病也都可以引起死棵。

病原 甜瓜蔓枯病病原菌的有性态是 *Didymella bryoniae*，称蔓枯亚隔孢壳，属子囊菌门亚隔孢壳属；无性型为 *Phoma cucurbitacearum*，称瓜茎点霉，属子囊菌门茎点霉属。细菌软腐病病原为 *Pectobacterium carotovorum* subsp. *carotovorum*，称胡萝卜果胶杆菌胡萝卜亚种，属细菌属。

甜瓜死棵症状

传播途径和发病条件 甜瓜蔓枯病病菌以子囊壳、分生孢子器及菌丝体在病残体上或土壤中越冬，翌年产生孢子进行初侵染，引起定植的瓜苗发病，染病后释放出的分生孢子借浇水、农事操作传播进行再侵染，5天平均温度高于14℃、棚内湿度高于65%，病害就可发生。软腐病多从伤口侵入，向内腐烂。

防治方法 ①防治甜瓜蔓枯病引起死棵，先对大棚土壤消毒，定植时先把60%唑醚·代森联水分散粒剂1500倍液配好，放入比穴盘大的容器中15kg，再把穴盘整个浸入药液中，浸透即可，半个月药效过期后用25%吡唑醚菌酯乳油4000倍液灌根，每株灌300ml，以后隔半个月再灌1次。还可单喷诱抗剂0.5%OS-施特灵水剂500倍液或6%阿波罗963水剂1000倍液，可促根生长，增强抗病性。②防治软腐病引起的死棵，利用休闲季节，施用氰氨化钙加腐熟有机肥，利用太阳能高温闷棚进行土壤消毒。定植时药剂蘸根用2.5%咯菌腈可溶液剂1000倍液混加27.12%碱式硫酸铜500倍液，把根部蘸透灭菌，半个月后可用77%氢氧化铜可湿性粉剂600倍液灌根，15天后再灌1次。

薄皮甜瓜、厚皮甜瓜枝顶孢霉白斑病

症状 主要为害叶片。初在叶面上现褐色小点，后扩展成长圆形褐色灰斑，大小16mm×10mm，很像灰霉病，边缘不大明显。

薄皮甜瓜红橙10号枝顶孢霉白斑病

病原 *Acremonium* sp.，称一种枝顶孢霉，属真菌界子囊菌门枝顶孢属。分生孢子梗长，疏松，无小齿，不分枝或近乎不分枝，分生孢子球形、卵圆形至椭圆形，常单生。

传播途径和发病条件 病菌以菌丝或分生孢子附着在病残体上或遗留在土壤中越冬。越冬的分生孢子和从其他菜田汇集来的枝顶孢霉分生孢子随气流、雨水及农事操作进行传播蔓延。春夏两季气温高，棚内湿度大易发病。

防治方法 ①棚室栽培甜瓜，要注意通风散湿，防止温度过高、湿度过大。②发病初期喷洒50%异菌脲可湿性粉剂1000倍液、50%百菌清悬浮剂600倍液，隔10天1次，连续防治2次。

薄皮甜瓜、厚皮甜瓜灰霉病

症状 主要为害甜瓜花、叶片、茎蔓及果实。发病初期多从开败的花开始侵入，后向果蒂部扩展，使病果受害处呈水渍状软化或腐烂，病组织表面裂口处产生灰色霉层，即灰霉病菌的分生孢子梗和分生孢子。

厚皮甜瓜灰霉病病花

厚皮甜瓜灰霉病叶缘上的灰霉

哈密瓜灰霉病病果上的灰霉

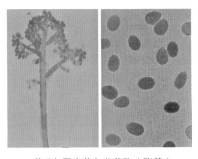

甜瓜灰霉病菌灰葡萄孢（张静）
分生孢子梗（左）和分生孢子放大（右）

病原 *Botrytis cinerea* Pers. : Fr.，称灰葡萄孢，属真菌界子囊菌门葡萄孢核盘菌属。

传播途径和发病条件 见西瓜、小西瓜灰霉病。

防治方法 ①栽植密度适宜，保持植株通风良好。②浇水时，避免水直接喷洒或溅射到植株上，以减少病菌传播。③蘸花。用 2.5% 咯菌腈悬浮剂 10ml，对水 2～3kg，混匀后于甜瓜开花时对雌花进行蘸花或喷花。④初见病变或连阴 2～3 天后提倡喷洒每克含 100 万孢子寡雄腐霉菌可湿性粉剂 1000～1500 倍液或 50% 啶酰胺水分散粒剂 1000～1500 倍液或 50% 啶酰菌胺 1000 倍液混 50% 腐霉利可湿性粉剂 1000 倍液或 50% 啶酰菌胺水分散粒剂 1000 倍液混 50% 异菌脲 1000 倍液、41% 聚砹·嘧霉胺水剂 800 倍液、16% 腐霉·己唑醇悬浮剂 800 倍液，10 天左右 1 次，连续防治 2～3 次。

薄皮甜瓜、厚皮甜瓜炭疽病

症状 苗期、成株期均可发生，为害子叶、真叶、叶柄、茎蔓及果实。幼苗染病，在子叶或真叶上产生近圆形或半圆形黄褐色至红褐色病斑，边缘有时具晕圈。成株叶片染病，叶上病斑常因品种不同，产生近圆形至不规则形、灰褐色、边缘水渍状病斑，有的也有晕圈，后期病斑易破裂穿孔。幼茎、茎、叶柄染病，初生水渍状坏死斑或产生椭圆形至长椭圆形凹陷斑，黄褐色。果实染病，产生褐色凹陷斑，圆形或近圆形，后期病部溢出粉红色黏质物即炭疽菌分生孢子团。

病原 *Colletotrichum orbiculare* Arx，称圆形炭疽菌，属真菌界子囊菌门炭疽菌属。有性态为 *Glomerella cingulata*，称葫芦小丛壳，属真菌界子囊菌门小丛壳属。子囊壳球形，直径 125～320μm。子囊孢子单胞无色。

传播途径和发病条件 病菌以菌丝体或拟菌核在土壤中病残体上或附着在种皮上越冬，种子带菌能直接侵入子叶，产生病斑。病斑上的分生孢子通过风、雨或昆虫

薄皮甜瓜香瓜果实上的炭疽病典型症状

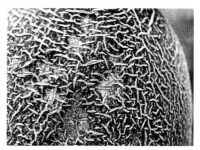

厚皮甜瓜网纹甜瓜炭疽病病瓜

传播，可直接侵入表皮细胞而发病。叶片染病时出现水渍状纺锤形或圆形斑点，后叶片干枯。病菌侵染果实产生暗绿色油渍状斑点，病斑扩大后呈圆形或椭圆形褐色凹陷斑，湿度大时产生粉红色分生孢子团，造成果实萎缩腐烂。生产上气温23℃、相对湿度高于85%～95%易发病，高温多雨、低洼、重茬、植株过密、生长弱发病重。

防治方法 ①选用伊丽莎白、状元、蜜世界、西薄洛托、黄皮京欣1号、台农2号、金凤凰蜜瓜等抗病品种。②苗床土壤消毒和种子消毒。每立方米苗床培养土施入50%多菌灵可湿性粉剂25～30g，耙匀。种

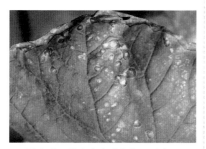

厚皮甜瓜炭疽病病叶上的圆形或近圆形病斑

厚皮甜瓜炭疽病病瓜开裂溢有赭红色黏质物

子可用 50% 多菌灵可湿性粉剂 500 倍液浸种 15min 灭菌，也可用 30% 苯醚甲环唑·丙环唑乳油 2000 倍液，浸种 6h，冲净催芽播种或直播。也可用咯菌腈种衣剂包衣，方法见西瓜、小西瓜炭疽病。③药剂防治参见西瓜、小西瓜炭疽病。

薄皮甜瓜、厚皮甜瓜黑星病

症状 为害叶、茎、卷须及果实。苗期染病，子叶上产生黄白色圆形斑点，心叶枯萎，幼苗停止生长，严重的全株枯死。成株染病，叶片上产生近圆形湿润状污点，后变褐色至浅黑色斑点，最后病组织坏死、脱落而出现穿孔。茎蔓染病，产生椭圆形至长圆形凹陷斑，上生煤烟状霉，即病原菌的分生孢子梗和分生孢子。果实染病，病斑初呈暗绿色，凹陷，表面密生烟煤状物，后期病部呈疮痂状，常龟裂。

病原 *Cladosporium cucumerinum* Ellis et Arthur，称瓜枝孢，属真菌界子囊菌门枝孢属。

厚皮甜瓜黑星病病叶

厚皮甜瓜黑星病病瓜上的症状

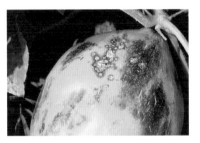

厚皮甜瓜（白兰瓜）黑星病病瓜上的疮痂斑

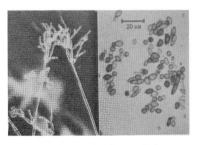

瓜枝孢的分生孢子梗和分生孢子

传播途径和发病条件 该菌以菌丝体或分生孢子丛在种子或病残体上越冬，翌春分生孢子萌发进行初侵染和再侵染，借气流和雨水传播蔓延。湿度大时，夜温低可加快病害扩展。

防治方法 发病初期喷洒

250g/L 吡唑醚菌酯乳油 1200 倍液、250g/L 嘧菌酯悬浮剂 1000 倍液、15% 亚胺唑可湿性粉剂 2200 倍液、1.5% 噻霉酮水乳剂 600 倍液。

薄皮甜瓜、厚皮甜瓜白绢病

症状　主要为害茎基部，初现褐色水渍状病斑，后环茎蔓扩展，逐渐变成茶褐色腐烂，皮层易脱落，病部以上茎叶萎蔫枯死，湿度大时病部长出白色绢丝状菌丝体和茶褐色小菌核。近地面果实染病产生辐射状的白色菌丝体，边缘较明显。

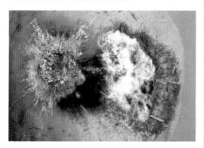

厚皮甜瓜白绢病病果（左）
菌丝呈放射状扩展（右）

病原　*Sclerotium rolfsii*（Sacc.）West.，称齐整小核菌，属真菌界子囊菌门小核菌属。有性型为 *Athelia rolfsii*（Curzi）Tu.& Kimb.，称罗氏阿太菌，属真菌界担子菌门阿太属。病原生长发育温度 8 ～ 40℃，32 ～ 33℃ 为最适温度。菌核在 30 ～ 38℃经 2 ～ 3 天即可萌发，一般从菌核萌发到新菌核出现需 8 ～ 9天，菌核老熟还需 9 天左右。该菌寄主有 62 科 200 多种。

传播途径和发病条件　病菌以菌核在土壤中越冬。翌年条件适宜时菌核萌发产生菌丝，侵染甜瓜植株基部或根部，引起发病。病菌借灌溉水及农事操作传播，进行再侵染。菌核在土壤中能存活 5 ～ 6 年，室内可存活 10 年，灌水条件下 3 ～ 4 个月即死亡。该病在高温的梅雨季节或 7 ～ 8 月台风侵袭后易发病，沙质土、酸性土、连作地、前茬为大豆或花生等发病概率高。施用未腐熟带有病残体的有机肥或施于表层的易发病。

防治方法　参见西瓜、小西瓜白绢病。

薄皮甜瓜、厚皮甜瓜菌核病

症状　苗期、成株期均可发病，尤其是塑料大棚保护地很常见。苗期染病，在近地面幼茎基部出现水渍状病变，扩展到绕茎一周时，病苗猝倒在地。幼瓜、花蒂、叶腋处发病，多在下部老叶、落花上发病后向叶柄、果实扩展，染病瓜脐部呈水渍状软腐，造成整个果实腐烂，腐烂部表面长满棉絮状白色菌丝体，后期产生黑色、鼠粪状菌核。茎部染病，初生褪绿水渍状斑，逐渐扩展成浅褐色，造成茎部软腐，也长出白色菌丝，后在茎部表皮上或髓腔内产生菌核，造成植株枯萎。

厚皮甜瓜菌核病病蔓上的白色
菌丝纠结成黑色鼠粪状菌核

病原、传播途径和发病条件、
防治方法 参见西瓜、小西瓜菌核病。

薄皮甜瓜、厚皮甜瓜
细菌性角斑病

细菌性角斑病又称细菌性叶斑病，是我国甜瓜生产上十分重要的病害。露地栽培春、秋两季发生重。保护地越夏栽培、秋及秋延后栽培、越冬栽培，只要有发病条件就会发病，严重的塑料温室病株率高达 90% 以上。2013 年山东寿光发生较重。瓜农称之为斑点瓜。

症状 该病主要为害叶片、蔓及果实，尤以叶片受害重。子叶染病，生水浸状近圆形凹陷斑，后扩展成黄褐色病斑。真叶染病，初在叶面现水浸状不规则形黄点，随后扩展成多角形或近圆形黄色病斑，后病斑上黄色减少褐色增加，病斑边缘常现一锈黄色油浸状环，后呈半透明状，干燥时破裂。叶背面常因甜瓜品种不同及棚内温湿度、通风量大小不同表现出多种多样的黄绿色、黄白色、红褐色角斑或近圆形斑点，经保湿后均可见到乳白色菌脓，是该病的重要特征。在田间，湿度大的早晨也可见到白色至黄褐色菌脓。茎蔓染病，出现深绿色油浸状溃疡或龟裂，湿度大时也可见到菌脓。果实染病，初现水浸状、绿黄色至绿褐色不规则斑点，后呈凹陷褐斑，并向瓜内扩展。网纹甜瓜上病斑呈绿褐色至深褐色斑疹，略显突出。

病原 *Pseudomonas syringae* pv. *lachrymans*（Smith&Bryan）Young et al.，称丁香假单胞杆菌流泪致病变种，属细菌界薄壁菌门假单胞菌属。

传播途径和发病条件 2013 年 4 月种植较早的甜瓜果实上又产生了很多小黄点，该病一般在甜瓜 250g 左右时开始出现，遇上连阴天问题尤为突出，由于在膨瓜期瓜农很是慎重，生产上甜瓜从蘸花至长到鹅蛋大小时，因为甜瓜表面有一层密密麻麻的茸毛，这时不容易染病，但随着甜瓜继续膨大，当瓜鹅蛋大小到 750g 时甜瓜瓜皮茸毛渐渐变稀，这时若棚内湿度大，水珠粘在甜瓜表面，染细菌角斑病的概率大增。该菌可在种皮内、种皮上或种子中间越冬或越夏，一旦出现发病条件，病原细菌就会进行多次再侵染。此外，灌溉水也可带菌，水中含有的病原菌多是从带菌土壤或病残体上冲刷而来的，灌水时流经带菌的土壤或病残体即可传播角斑病。甜瓜细菌性角斑病主要借风雨、水滴、灌溉水及农事操作传播，甜瓜 6 ～ 10 月生长期间遇有适宜的温、湿度是发病的主要条件，尤其是湿度，只要相对湿度达到 70% 以上，且持续时间长，角斑病就会流行。造成湿度适宜的原因，一是连续阴雨、日照不足，大棚内温度偏低，通风不良，加上棚外湿度也很高，造成棚室内湿度高为该病发生流行创造了条件；二是放风少，力度跟不上，大棚温室在寒冷季节，为了保温，为了早上市，常忽视或舍不得放风散湿，使棚内高湿持续时间长；三是播种前或定植后未浇足底水，造成生长期干旱缺水，不得不再浇水，使湿度升高；浇水后中耕跟不上，地表板结，蒸发加快，土壤失水快，也要增加浇水次数，田间湿度居高下不，都会加速角斑病的发生、流行；四是甜瓜密度偏大，易造成通风排湿不良，湿度大处先发病，成为发病中心；五是整地不平，低洼处易积水，湿度大也会形成发病中心；六是棚内温差大，易造成叶面结露和叶缘吐水，形成露水数量多，持续时间长，也易发病。北京、

薄皮甜瓜细菌性角斑病叶背面症状

厚皮甜瓜细菌性角斑病叶面症状

厚皮甜瓜细菌性角斑病叶背面症状

薄皮甜瓜细菌性角斑病病叶

薄皮甜瓜细菌性角斑病叶面症状

厚皮甜瓜哈密瓜细菌性角斑
病叶背面症状

河北、山东、辽宁，每年栽培甜瓜两季或三季，发病条件频频出现，因此甜瓜细菌角斑病，无论是春季还是秋季一直处在中等以上或大发生的态势。

防治方法 ①减少病原细菌数量是预防该病的根本措施。a. 防止种子带菌，对带菌种子进行消毒。方法有温汤浸种，种子用 55～60℃温水（即 3 份开水对 1 份凉水）浸种 10min；药剂拌种，用 0.3% 的 47% 春雷·王铜可湿性粉剂拌种。b. 防止病苗进入大田。定植前应仔细检查，淘汰病弱苗，苗床内喷洒 90% 新植霉素可溶粉剂 4000 倍液进行预防。c. 进行轮作，甜瓜应种在 3～5 年未种过瓜类的大棚内，且周围不种其他瓜类作物。d. 高温高湿消毒土壤。深翻 30cm 并晒垄，夏季闭棚提高棚内温度，使地表温度达 50～60℃，处理 20～25 天。e. 清洁田园。甜瓜生长期，拔除病株携出田外烧毁或深埋。甜瓜采收后及时清除空株、病株，拉秧后彻底清除病残株。②千方百计地避免发病条件出现。a. 降低棚内湿度。播种前定植后一定把底水浇足，缓苗后浇足缓苗水，生育期如需浇水应开沟浇小水，忌大水漫灌；覆盖无滴膜，采用垄作覆地膜；合理密植，采用大小行栽培以利通风透光；适时中耕松土，在保证温度适宜的前提下及时通风；气温低时浇水改在晴天上午，缩短叶面结露和叶缘吐水持续时间。b. 尽量减少传染机会。发现上水头的病株要及早拔除，病穴用石灰消毒。采用起垄栽培减少流水传染，尽量避免病健株交叉接触。③提高甜瓜植株抗病性。a. 选用抗角斑病的甜瓜品种。b. 加强田间管理，采用甜瓜测土配方施肥技术，增施腐熟有机肥，适时整枝打杈，提高抗病力。提倡采用避雨栽培法，开展预防性防治。④药剂蘸根。定植时先把 32.5% 苯甲·嘧菌酯悬浮剂 1500 倍液，放入长方形大容器中 15kg，再将育好苗的穴盘整个浸入药液中把苗子根部蘸湿灭菌。定植前后穴施生物菌肥如激抗菌，防止角斑病发生。⑤提倡采用甜瓜果实套袋。生产上在甜瓜鹅蛋大小时套上筒状纸袋，采果前 4～5 天把袋去除。⑥药剂防治。发病初期浇灌 32.5% 苯甲·嘧菌酯悬浮剂 1500 倍液混 72% 农用高效链霉素 3000 倍液，或 4% 春雷霉素可湿性粉剂 800～1000 倍液，或 90% 新植霉素可溶粉剂 4000 倍液，或 80% 福美双悬浮剂 800 倍液＋斯德考普叶面肥 6000 倍液，或 20% 噻森铜与叶面肥多复佳 1：1 混配。也可喷洒 0.01% 芸薹素内酯乳油 2000 倍液或诱抗素（福施壮和保民丰）平衡甜瓜营养生长和生殖生长，以利提高抗病性和耐低温能力，这对甜瓜尤其重要。此外，还可选用 50% 氯溴异氰尿酸水溶性粉剂 1000 倍液或 80% 乙蒜素乳油 900 倍液或 20% 噻唑锌悬浮剂（每 667m² 用制剂 100 ～ 125ml，对水 50kg 喷雾），防效佳。

薄皮甜瓜、厚皮甜瓜细菌性溃疡病

细菌性溃疡病又称细菌性叶枯病，是甜瓜生产上的重要病害。溃疡病是北方瓜农常说的"亮叶"，发生普遍，为害严重。

症状 苗期、成株均可发病。苗期发病侵染幼苗。成株叶片染病，叶片表面呈鲜艳水亮状，即"亮叶"，随后染病叶片边缘褪绿，逐渐变成浅黄褐色不规则暗绿色至黄褐色水渍状病变，严重的形成褐色水渍状病斑。茎蔓染病呈油渍状阴湿病蔓，有的病蔓开裂，后期裂蔓变褐且向上下扩展，茎内中空，病斑凹陷或纵裂开，棚内湿度大时病茎、叶柄处溢出菌脓，严重的全株枯死。植株上部呈萎蔫青枯状。幼瓜染病，初呈水渍状烂瓜。季节或棚内温、湿度不同，症状有变化。早春移栽及整枝、打杈传播或低温高湿环境常造成枝茎和叶片严重发病。

病原 *Xanthomonas campestris* pv. *cucurbitae*（Bryan）Dye，称油菜

黄单胞菌黄瓜叶斑病致病变种，属细菌界薄壁菌门黄单胞杆菌属。

薄皮甜瓜细菌性溃疡病病叶叶面症状

厚皮甜瓜细菌性溃疡病病茎受害症状

甜瓜细菌性溃疡病病菌油菜黄单胞杆菌

传播途径和发病条件 该菌可在种子内外及病残体上越冬，可在土壤中存活 2 ～ 3 年，病菌通过伤口侵入，包括整枝打杈或损伤的叶片、枝干及移栽时的幼根，也可从幼嫩的果

实表皮直接侵入，病菌通过植株的输导组织韧皮部及髓部进行传导或扩展。该病远距离传播主要靠种子、种苗及鲜果的调运传播，近距离传播主要靠浇水、雨水，保护地大水漫灌、农事操作接触到病菌及溅水都会传播，高湿持续时间长的大棚、大水漫灌、暴雨天气易发病，保护地早春温度低持续时间长或寒凉季节发病重。薄皮甜瓜较厚皮甜瓜受害重。

【防治方法】 ①选用抗病品种，如甘甜玉露厚皮甜瓜。②发现病株及早拔除并烧毁或深埋，病穴用石灰消毒。采用高垄栽培。③整枝打杈、蘸花、绑蔓等农事活动避免在有露水或有雨的天气进行，浇水改在上午。④种子消毒。可用 55℃ 温水浸种 25min 或 70℃ 恒温干热灭菌 72h，或种子用新植霉素或桂林产农用高效链霉素 200mg/kg 浸种 2h。冲干净后催芽播种。也可在采种时种子与果汁、果肉共同发酵 24 ～ 48h 后，种子随即用 1% 盐酸浸渍 5min 或用 1% 次氯酸钙浸渍 15min，接着水洗、风干，都可杀灭种子上的细菌。⑤田间采用无病土育苗，保证幼苗无病。改喷灌和大水漫灌为滴灌，可减少传染。⑥施用腐熟有机肥，对土壤进行氰氨化钙和高温消毒确有实效。⑦发病重的地区进入雨季或发病前浇灌 32.5% 苯甲·嘧菌酯悬浮剂 1500 倍液混加 72% 农用高效链霉素 3000 倍液，或 25% 咪鲜胺乳油 1500 倍液混加 25% 嘧菌酯悬浮剂 1000 倍液，或 72% 农用高效链霉素 3000 倍液混 50% 琥胶肥酸铜 500 倍液，或 90% 新植霉素可溶粉剂 4000 倍液，或 80% 乙蒜素乳油 800 ～ 1000 倍液，武汉生产的叶面肥多复佳与 20% 噻森铜 1∶1 混施效果好，也可喷施 0.004% 芸薹素内酯水剂 1000 ～ 1500 倍液，可提高防效。

薄皮甜瓜、厚皮甜瓜 细菌性缘枯病

甜瓜细菌性缘枯病近年时有发生，发病株率 10% 左右，发病重的棚室受害颇重，应引起生产上的重视。

【症状】 主要为害叶片、茎蔓和果实。叶片染病，初在叶缘气孔附近产生水渍状小斑点，后扩展成浅黄褐色不规则形、大小不一的坏死斑，病斑四周现黄色晕圈；有些病斑从叶缘向里融合成"V"字形或三角形或多角形大斑，有些从叶缘向叶中部扩展至顶端，严重的在叶面上产生水渍状大型坏死斑，造成病叶迅速枯死。茎蔓染病，病部现暗绿色至黄褐色油浸状病变，后现裂纹或坏死，湿度大时裂口处常溢有黄白色或黄褐色菌脓。果柄、果实染病，果柄褪绿呈油渍状，果实具油光，果实着色不匀，果肉出现不均匀软化，湿度大时病瓜腐烂溢出菌脓，干燥时病瓜干瘪。

【病原】 *Pseudomonas marginalis* pv.*marginalis*（Brown）Stevens，称假单胞杆菌边缘假单胞致病型，属细菌界薄壁菌门。

厚皮甜瓜细菌性缘枯病叶缘症状

厚皮甜瓜细菌性缘枯病果实染病症状

传播途径和发病条件 病原细菌随病残体留在土壤里或潜伏在甜瓜种子中越冬，土壤中的病原细菌和种子携带的病原细菌是该病发生的初始菌源。在甜瓜栽培过程中，病菌多从甜瓜叶片叶缘上的气孔或水孔等自然孔口侵入，遇棚内温、湿度合适，病原细菌不断繁殖，通过浇水、整枝打杈等农事活动及瓜蚜、红叶螨、蓟马等危害造成的伤口传播蔓延进行重复侵染。棚室内的水湿条件是引起该病发生流行的重要条件，生产上遇浇水以后日夜温差大，造成甜瓜叶面结露或叶缘吐水持续时间长，常易引起该病的发生和流行，尤其是进入雨季，且大棚采用高温高湿管理都会加重该

病的流行。

防治方法 参见薄皮甜瓜、厚皮甜瓜细菌性角斑病。

薄皮甜瓜、厚皮甜瓜细菌性枯萎病

症状 又称细菌性青枯病。主要为害维管束。茎蔓染病，病部变细呈水渍状，植株顶端蔓中午萎蔫，早晚恢复，病情扩展很快，仅3～4天全株叶片即萎蔫，叶片干枯植株死亡，剖视茎蔓用手挤压时，从维管束断面溢出乳白色黏液，即病原菌菌脓。

薄皮甜瓜细菌性枯萎病发病初期青枯状

病原 *Erwinia tracheiphila* (Smith) Bergey et al., 称瓜萎蔫欧氏杆菌，属细菌界薄壁菌门。菌体杆状，周生多根鞭毛，肉汁胨琼脂平面上菌落白色，但不能使马铃薯软腐。

传播途径和发病条件 病原细菌在病株组织内或食叶甲虫体内越冬，翌春条件适宜时从伤口侵入，引起发病。病菌生长最适温度25～30℃，最高34～35℃，最低

8℃，致死温度43℃。气温高、湿度大持续时间长，伤口多，有甲虫危害则易发病。

防治方法 ①选用抗病品种，田间发现病株尽早拔除，并注意喷洒杀虫剂防治为害甜瓜的甲虫。②药剂防治参见西瓜、小西瓜细菌性枯萎病。

薄皮甜瓜、厚皮甜瓜细菌性果斑病

症状 主要为害叶片和果实。叶片染病，产生圆形、多角形及叶缘开始的"V"形斑，水渍状，灰白色，后期中间变薄，可穿孔或脱落。叶脉也可被侵染，并沿叶脉扩展，病斑背面常有菌脓溢出，干后变一薄膜，发亮。果实染病，病斑初为水浸状，圆形至卵圆形，稍凹陷，呈绿褐色，有时多个小斑融合成大斑，颜色变深呈褐色至黑褐色，严重时内部组织腐烂，轻的只在皮层腐烂，有的瓜皮开裂，全瓜迅速腐烂。2009年寿光市和昌乐县2个大棚发病株率分别为30%和90%，危害十分严重。

病原 *Acidovorax citrulli* (Schaad et al.)，称西瓜嗜酸菌，属细菌界薄壁菌门嗜酸菌属。该菌除为害甜瓜外，还为害西葫芦、南瓜、西瓜、黄瓜等葫芦科植物。

传播途径和发病条件 病原细菌在种子和土壤表面的病残体上越冬，成为翌年的初侵染源。田间的自生瓜苗、野生南瓜等也是该病的初侵染源和宿主。病菌主要从伤口和气孔侵染。该病的远距离传播主要靠带菌种子，种子表面和种胚均可带菌。带菌种子萌发后，病菌就从子叶侵入，引起幼苗发病。病斑上溢出的菌脓借风雨、昆虫及农事操作等途径传播，形成多次再侵染。内蒙古西部5月上

薄皮甜瓜细菌性果斑病病叶上的症状

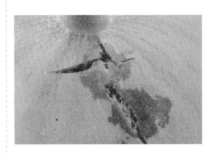

厚皮甜瓜细菌性果斑病病果症状

厚皮甜瓜细菌性果斑病果实上的症状

厚皮甜瓜哈密瓜细菌性果斑病
田间发病情形

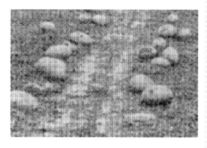

厚皮甜瓜细菌性果斑病田间
绝收症状（赵廷昌）

旬播种甜瓜和哈密瓜，6月上旬发病，7月进入发病盛期，病原细菌在瓜上分解糖分以后进入瓜体内部，侵染瓜肉，成熟时腐烂。干旱年份发病轻，高温多雨年份和平作地块发病重。哈密瓜皇后系列、86系列发病重。

防治方法 ①加强甜瓜等葫芦科种子的进口检疫，防止带菌种子进入我国。②选用抗病品种，如西域系列和甘密宝等。③种子无菌是预防该病的首要措施，做到从无病地区采种。④种苗生产过程中防止病菌污染，对生产的甜瓜种子进行带菌率测定，瓜种用70℃恒温干热灭菌72h，

或55℃温水浸种25min，捞出后清水冲洗、晾干，2天后催芽播种。或用200mg/kg新植霉素和硫酸链霉素浸种2h，冲洗干净后催芽播种。⑤加强管理，采用无病土育苗，采用滴灌法。定植时甜瓜穴盘蘸药，用250g/L嘧菌酯悬浮剂1500倍液蘸盘。坐住后浇水要适宜，严禁浇大水，严防裂瓜，发现害虫及早防治，避免产生伤口造成病菌的侵入。坐瓜后按植株长势、天气适当留瓜，不可过多，并及时补充营养。甜瓜进入膨瓜期以施用全水溶肥料为主；当甜瓜长到鸡蛋和碗口大小时每667m² 冲施肥力钾10～15kg，配施阿波罗963养根素1kg或激抗菌968生物菌冲施肥40kg，全面补充营养，促进根系生长，增强抗病力。⑥发病前或发病初期及早浇灌32.5%苯甲·嘧菌酯悬浮剂1500倍液混加72%农用高效链霉素3000倍液，或25%咪鲜胺乳油1500倍液混加25%嘧菌酯悬浮剂1000倍，或25%嘧菌酯悬浮剂1000倍液混加27.12%碱式硫酸铜500倍液，或80%乙蒜素乳油900倍液、4%春雷霉素可湿性粉剂800～1000倍液，隔10天1次，连续防治2～3次。

薄皮甜瓜、厚皮甜瓜 细菌性软腐病

该病是甜瓜生产上的常见细菌病害，露地、保护地均有发生，尤其是气温高的地区病果率可达10%，影响

甜瓜产量和质量。

厚皮甜瓜细菌性软腐病病部
以上枯死（李林）

厚皮甜瓜网纹甜瓜细菌性软腐病病果

症状 主要为害果实，多从伤口或生理裂口处发生，初现暗绿色或深绿色水浸状病变，扩大后病部凹陷软化，变成白色或黄褐色，由外向内部腐烂并散发出硫化氢恶臭味，严重时病果摊作一团落地。茎蔓染病，病部初变成暗绿色水渍状，且多出现在伤口处，伴有菌脓溢出，严重的病部腐烂折断。

病原 *Pectobacterium carotovorum* subsp. *carotovora*（Jones）Bergey et al.［*Erwinia aroideae*（Towns.）Holland］，称胡萝卜果胶杆菌胡萝卜亚种，属细菌界薄壁菌门。

防治方法 ①与非葫芦科、茄科及十字花科蔬菜进行 2 年以上轮作。②及时清洁田园，尤其要把病果清除带出田外烧毁或深埋。③培育壮苗，适时定植，合理密植。雨季及时排水，尤其下水头不要积水。④保护地栽培要加强放风，防止棚内湿度过高。⑤及时喷洒杀虫剂防治瓜绢螟等蛀果害虫。⑥利用休闲季节施用氰氨化钙＋腐熟有机肥，利用太阳能高温闷棚进行土壤消毒。⑦定植时药剂灌根，用60% 吡唑醚菌酯·代森联水分散粒剂1500 倍液连喷带灌，也可用 25% 咪鲜胺乳油 1500 倍液混加 25% 嘧菌酯悬浮剂 1000 倍液，或 32.5% 苯甲·嘧菌酯悬浮剂 1500 倍液混加 72% 农用高效链霉素 3000 倍液，或 80% 乙蒜素乳油 900 倍液灌根。方法是把苗放入定植穴中，先喷淋对好的药液，再封埋穴土，0.5kg 药水可喷 5 株瓜苗，缓苗后至生长期，每株用0.1 ～ 0.15kg 对好的药液，隔 7 ～ 10天 1 次，连续喷淋 2 ～ 3 次。

薄皮甜瓜、厚皮甜瓜病毒病

甜瓜病毒病又称花叶病、小叶病，是我国南北方甜瓜生产上普遍发生的一种病害，影响甜瓜坐果率和产量，含糖量大幅下降，影响甜瓜的品质。

症状 甜瓜染病后产生的症状，常因甜瓜品种，甜瓜的生育阶段，当时的温度、营养、光照等环境

厚皮甜瓜病毒病植株症状

厚皮甜瓜病毒病叶片症状

厚皮甜瓜病毒病幼果症状

厚皮甜瓜病毒病成长病果凹凸不平

条件和生理状况及病毒种类株系不同有较大的变化。主要有花叶型、黄化皱缩型及两种复合侵染混合型。花叶型影响植株生长发育，对产量有一定影响，黄化皱缩型和混合型的受害重，常引起植株死亡或绝收。

病原 *Watermelon mosaic virus*（WMV）（西瓜花叶病毒）、*Cucumbermosaic virus*（CMV）（黄瓜花叶病毒）、*Melon necrotic spot virus*（MNSV）（甜瓜坏死斑病毒）、*Squash mosaic virus*（SqMV）（南瓜花叶病毒）。此外，还有甜瓜花叶病毒（MMV）、白兰瓜花叶病毒（DPMV）、西瓜叶脉坏死病毒（MVNV）、西瓜花叶病毒1号（WMV-1）、黄瓜绿斑驳花叶病毒（CGMMV）、番木瓜花叶病毒（PMV）等11种，其中前4种是常见的毒源。

传播途径和发病条件 常见的4种毒源均可经汁液摩擦接种，西瓜花叶病毒2号、黄瓜花叶病毒、甜瓜坏死斑病毒均可通过蚜虫传毒，南瓜花叶病毒除汁液接种外，还可通过种子传毒。在田间花叶病毒还可通过茄科及多年生杂草越冬后经昆虫传毒。甜瓜病毒病显症适温18～26℃，高于36℃一般不显症，出现隐症。甜瓜从出苗到开花对病毒病敏感，开花后至坐瓜抗病毒能力略有增强，坐瓜后抗病毒能力最强。生产上开花前染病多不能结瓜或结畸形瓜。结瓜中、后期染病仅在新梢上出现花叶，受害也轻。6～7月气温高、日照强，干旱时传毒蚜虫繁殖力强、传毒活跃易发病。田间管理跟不上、杂草丛生发病重。

[防治方法] ①选用抗病毒病甜瓜品种，建立无病留种田，薄皮甜瓜抗病力较厚皮甜瓜略强。抗病毒病的甜瓜品种有西域1号、秀丽等。②种甜瓜的地要远离菜田，忌甜瓜与黄瓜、南瓜、西瓜等混种，防止蚜虫相互传毒。③对带病毒的种子用40℃处理24h后，再用68℃干热恒温处理5天，也可用10%磷酸三钠溶液浸种20min。或用0.5%香菇多糖水剂100倍液浸种20～30min，洗净、催芽、播种，对控制种传病毒病有效。④尽早消灭传毒蚜虫。⑤药剂防治参见西瓜、小西瓜花叶病毒病。

薄皮甜瓜、厚皮甜瓜绿斑驳花叶病毒病

[症状] 初在蔓上部叶或侧枝上的新叶产生不规则黄色斑纹，有的形成凹凸不平的花叶。成叶上症状轻或消失。果实染病进入果实膨大期开始发病，产生深浅不一的斑纹或果实生稍隆起的绿色斑点，少则几个，多则布满果实表面。直到收获变化不大，果肉不像西瓜绿斑驳花叶病毒病那样产生肉质劣变。

[病原] CGMMV-W，称黄瓜绿斑驳花叶病毒-西瓜系。

[传播途径和发病条件] 同西瓜、小西瓜绿斑驳花叶病毒病。

厚皮甜瓜绿斑驳花叶病毒病症状

[防治方法] ①严格检疫。②选用抗病品种。③种子消毒用10%磷酸三钠浸种20～30min或种子用70℃干热灭菌3天，新疆哈密瓜干热灭菌7～12天。该病详细信息参见西瓜、小西瓜绿斑驳花叶病毒病。

薄皮甜瓜、厚皮甜瓜坏死斑病和褐脉病

甜瓜坏死斑病是甜瓜重要病毒病害，发病棚室病株率5%～10%，严重的可达20%以上，2007年我国江苏海门大棚甜瓜发病，甜瓜坏死斑病已成为我国甜瓜生产上的隐患，需引起重视。

[症状]

坏死斑病：甜瓜病株上产生多数坏死小斑点，近圆形，初期仅褪绿，随后增大，变成黄褐色至深褐色，其四周有黄色晕圈，邻近病斑可融合在一起，形成不规则的较大病斑，后期病叶卷缩萎蔫。茎上产生褐色的坏死条斑。严重的病株在短期内枯死，不能结瓜。

褐脉病：甜瓜整个生育期均可发

生，幼苗新叶上产生不规则形锈褐色坏死斑，四周现黄绿色晕环，染病瓜苗慢慢变褐枯死。成株叶片染病，先是叶脉褪绿变褐色，多是叶片基部几条主脉变褐色，后支脉也变褐色，呈网状坏死，非常典型。有的还产生锈褐色坏死大斑，局部病叶或整叶坏死。田间在叶柄和茎蔓上产生锈褐色凹陷条纹，后期变成大的坏死条斑，病株由下向上提前枯死。

甜瓜坏死斑病

甜瓜褐脉病病叶

【病原】　甜瓜坏死斑病病原为 *Melon necrotic spot virus*（MNSV），称为甜瓜坏死斑病毒。该病毒主要由黄瓜油壶菌（*Olpidium bornovanus*）游动孢子传播。甜瓜种子带毒率达

10% ～ 40%，但需有介体油壶菌存在，方能由种子传染幼苗。与病株接触或机械接种也可传毒。甜瓜坏死斑病毒的自然寄主仅为南瓜和黄瓜，在病株叶片、叶柄、茎蔓、根部、果实和种子中均含有病毒粒体，在细胞质中有晶体状含体。该病毒有株系分化。日本株系经汁液接种，可侵染甜瓜、黄瓜、西瓜、南瓜、瓠瓜。仅甜瓜表现系统发病。

现在甜瓜褐脉病病因尚未定论。有人认为病原是 *Melon vein necrosis virus*（MVNV），称香甜瓜叶脉坏死病毒。该病毒粒体线状，大小 660nm×13nm，稀释限点 1000 ～ 10000 倍，致死温度 55 ～ 60℃，体外存活期 3 ～ 5 天。香甜瓜叶脉坏死病毒主要通过汁液接触和桃蚜非持久性传毒，也可以种子传毒，高温对发病有利。因对该病毒研究尚少，还缺乏深入了解。生产上也有人认为褐脉病是一种生理病害，是微量元素锰过多引起的一种中毒现象。

【传播途径和发病条件】　甜瓜坏死斑病毒是一种土传病毒，可在土壤中存活。所谓土传，是指土壤中的油壶菌带毒和传毒。甜瓜种子带毒，且带毒率高，有试验表明，带毒种子播于缺乏油壶菌的土壤中不发生病毒侵染，而播于含有油壶菌（不带毒）的土壤，幼苗侵染率为 10% ～ 40%。这表明种子传带的病毒需借助于介体油壶菌，方能传染幼苗。这种种子传病的特殊方式也称为"介体制导的种

子传染"。在温室中用病汁液进行摩擦接种，接种后3～5天甜瓜、西瓜、黄瓜的子叶上都产生局部坏死斑，甜瓜在6～7天开始出现系统坏死症状，西瓜、黄瓜不表现系统症状。病毒粒体从接种的子叶向胚轴和根部的移动，是通过外生韧皮部实现的。而通过茎部上行扩散到幼嫩组织，则经由内部韧皮部。甜瓜坏死斑病的发病严重性取决于毒源数量及栽培条件和品种。欧洲甜瓜品种 Doublon 是经得住考验的抗病品种。

防治方法 ①防治甜瓜坏死斑病毒要采取防止病毒传播、减少毒源以及栽培抗病品种等方法。不由发病地区调运种子和瓜苗。②选育抗病品种。国外甜瓜抗病育种主要使用两种抗病品种，一是 Gulfftream 品种，二是 PI 161375。两品种都具有隐性抗原基因 *nsv*。③生产上不使用带毒种子。甜瓜种子在70℃处理144h可钝化病毒。病田轮作非瓜类作物要清除田间自生苗。

甜瓜瓜类褪绿黄化病毒病

甜瓜褪绿黄化病毒病，也是近几年甜瓜上新发现的比较新的病毒病，发生范围不断扩大，危害日趋严重。

症状 甜瓜瓜类褪绿黄化病毒病为害甜瓜后，引起的叶片褪绿黄化症状与植物缺素症状非常相似，在生产上很容易造成误诊误治，如不及时重点防治，必定造成严重的经济损失。

病原 *Cucurbit chlorotic yellows virus*（CCrV），称瓜类褪绿黄化病毒，属于毛形病毒属。我国潍坊科技学院已鉴定出瓜类褪绿黄化病毒寿光分离物。同原性分析结果表明与我国其他地区或一些国家的病毒同源性达99%～100%。

甜瓜褪绿黄化病毒病

传播途径和发病条件 主要为害黄瓜、西瓜、甜瓜等瓜类，通过烟粉虱以半持久性方式传播。

防治方法 参见薄皮甜瓜、厚皮甜瓜坏死斑病和褐脉病。

薄皮甜瓜、厚皮甜瓜 根结线虫病

症状 甜瓜出苗5～7天后，在侧根或须根上，形成针头状根结，后增生膨大，多个根结相连呈节状或串珠状，白色至黄白色，根结表面粗糙，致整个根变成鸡爪状，病根易腐烂。该病造成植株地上部生长势衰弱，植株矮小黄瘦，果实小，严重时病株死亡。在甜瓜生长期间可重复多次侵染，造成更大的危害。

薄皮甜瓜根结线虫病根上的根结

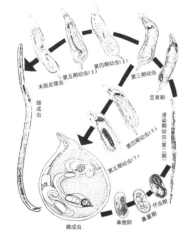

花生根结线虫生活史

病原 *Meloidogyne arenaria* (Neal) Chitwood（称花生根结线虫）、*M. incognita* (Kofoid et White) Chitw.（称南方根结线虫1～4号生理小种）、*M. javanica* (Treud.) Chitwood（称爪哇根结线虫）、*M. panyuensis*（称番禺根结线虫）、*M. hapla* Chitwood（称北方根结线虫），共5种，均属动物界线虫门。其中南方根结线虫的优势小种是1号小种。北方根结线虫只分布在北纬34°～47°之间、南纬45°附近海拔1000m以上较冷凉地区，其余4种在黄河、长江流域及以南地区。

传播途径和发病条件 甜瓜上的5种根结线虫以2龄幼虫和卵在根结中或进入土壤中越冬，多分布在5～30cm土壤表层，能在土中存活1～3年。每年春天埋藏在寄主根内的雌虫产生单细胞的卵，卵在根结中几小时即发育成1龄幼虫，蜕皮后孵化出2龄幼虫在土中移动，寻找甜瓜根尖，从根冠上方侵入，定居在生长锥内，其分泌物刺激根的导管细胞膨胀而形成根结，该虫在根结内发育到4龄时交尾产卵。南方根结线虫生存最适温度25～30℃，气温高于40℃、低于5℃其活动受到抑制，55℃经10min致死，雨季有利于该虫孵化和侵染，土壤持水量40%则利其发育，适宜pH值4～8。

防治方法 ①提倡用砧祥抗线1号砧木与甜瓜嫁接防治根结线虫病，防效高达95%。②对种植3年以上塑料大棚或温室中的根结线虫和土传病害，用50%氰氨化钙在夏季大棚休闲时进行高温闷棚是最佳选择。做法：用氰氨化钙+麦秸或稻草或玉米秸，施入量每平方米施秸秆1kg+50%氰氨化钙0.1kg，与土壤充分混匀，用旋耕机耕2遍后起垄，宽60cm、高40cm，并覆盖地膜，沟内灌水，将大棚密闭越严越好，白天地温可上升到60℃，20cm土层温度在 55 ~ 60℃，持续 20 ~ 30 天就可杀灭土中的根结线虫。氰氨化钙又称石灰氮，是药肥兼用的土壤杀虫、杀菌剂。现在市场上有德国产的"庄伯伯"，宁夏大龙公司产的"龙宝"、山东圣泰科技开发公司产的"土壤净化剂"。施入土壤中遇水后产生的氰胺、双氰胺是很好的杀菌剂，能调节土壤中 pH 值，可使偏酸性土壤得到改善，能防治土传病害，能杀灭土壤中的根结线虫和地下害虫。作为肥料含缓释氮素 16% ~ 20%，持效期 3 ~ 4 个月，含钙（CaO）42% ~ 50%，施入土壤中之后，由于钙元素增加，使土壤团粒结构得到了改善。③提倡用辣根素（异硫氰酸烯丙酯），商品名安可拉。颗粒剂每平方米用 20 ~ 27g，如用 20% 辣根素水剂，每 $667m^2$ 用 4 ~ 6L，通过灌水、滴水土壤深层密闭 12 ~ 24h。棚室保护地歇茬时可用安可拉闷棚防治根结线虫或根腐病、枯萎病等土传病害效果好。④提倡选用线速度防治根结线虫，方法参见本丛书《瓜类蔬菜病虫害诊治原色图鉴》黄瓜、水果型黄瓜根结线虫病。⑤使用新的永卫（SK）全球第一根结线虫杀灭剂，用法参见黄瓜、水果型黄瓜根结线虫防治方法。

分枝列当为害薄皮甜瓜、厚皮甜瓜

症状 分枝列当为害哈密瓜时，寄生于瓜的根上，吸取营养。轻的致甜瓜生长势减弱，叶色变淡；严重的植株变黄、矮小，造成减产或品质下降，重的成片枯死。

分枝列当为害甜瓜

分枝列当肉质茎发育过程 （朱广济）

病原 *Orobanche aegyptica* Pers.，称分枝列当，属被子植物门寄生性种子植物。列当没有叶绿素和真正的根，不能营光合作用或吸收土壤中的水分及营养物，以短发状吸根寄生于甜瓜或其他植物根部，是一种完全依赖寄主的全寄生性植物。茎单生或分枝，高 30 ~ 40cm，黄或紫褐色，叶片短尖，呈鳞片状，花序穗状，果实具蒴果，种子小，似葵花子状，长约 0.5mm，其繁殖率高，每蒴果含种子 200 余粒，是一年生草本根寄生恶性杂草。列当出土前具 6 个发育阶段，即小瘤、小瘤具发育不全的根、短芽、短芽后具初期根、嫩根扩大、幼芽钻出土表。

防治方法 ①用工农 16 型喷雾器装上可插入土壤中的喷头，把 10% 草甘膦铵盐水剂 400 倍液施入瓜根周围。防治适期为列当出土前，即列当发育的第 4～5 阶段。②目前我国分枝列当主要在新疆为害，应严格检疫，防止疫区扩大。③与自身不受感染的作物轮作。④培育抗分枝列当的品种。⑤把分枝列当的花茎齐地面切除，在伤口上滴石油或浇洒饱和食盐水，造成列当根茎腐烂。

薄皮甜瓜、厚皮甜瓜畸形瓜

症状 厚皮甜瓜畸形瓜常见的有 7 种。①缢缩瓜。瓜上出现缢缩，切开后可见缢缩处中空。②削肩瓜。果柄附近果肉少，较细，粗细程度各不相同。③大肚瓜。瓜的前端、花蒂附近肥大，中间和基部变细。④扁平瓜。甜瓜压缩成柿饼状。⑤长形瓜。果实膨大不良，易出现长形瓜。⑥棱形瓜。果实沿维管束纵向隆起，凹凸不平产生棱形瓜。⑦尖顶瓜。果柄附近粗，先端细。

病因 所有的甜瓜畸形瓜都发生在果实发育剧烈变化的时期，不同形状的畸形瓜发生阶段不同。厚皮甜瓜果实发育过程一般是在开花后 13 天左右，先纵向生长，然后横向生长加快。一般前期发育正常，后期发育不良，则形成长形瓜，反之，若后半期果实发育过快或植株茎叶细弱，开花时子房小，则产生扁平瓜。同一果实，因果梗一端提早停止发育，顶端

厚皮甜瓜缢缩瓜

厚皮甜瓜大肚瓜

厚皮甜瓜扁平瓜

厚皮甜瓜偏头瓜

厚皮甜瓜尖顶瓜

花蒂部位很晚才停止，因此开花后经7～15天时间，果实发育由纵向转向横向膨大，这时如果遇降雨或根部受伤，果实膨大短期内2～3天受到促进或抑制，就会形成梨形瓜或尖顶瓜。夏季高温持续时间长或植株生长势弱时，易产生缢缩瓜。夜温低，植株茎叶生长受抑制，生殖生长快，果实膨大受抑制，易出现削肩瓜。此外，还与以下三方面原因有关。一是肥水管理不到位，甜瓜植株弱，尤其是晚熟甜瓜生长量大需水肥数量大，特别是进入果实膨大期，营养生长已基本停止，光合产物及吸收的矿质营养绝大部分向果实输送，如果膨大期以前营养储备不足，就会产生果实营养供不应求，造成果实小，产生的畸形瓜多。二是受精不良，甜瓜授粉受精后，子房中产生大量生长素，促使果实膨大，如生长素产生不足就会失去对养分吸收的竞争优势而形成畸形瓜。三是地温低，甜瓜发育不均衡，尤其是晚熟甜瓜个大，进入果实膨大期生长速度快，阳面受光条件好，热量也充足，阴面受光不足，地温低于气温，造成阴阳两面生长发育不均

衡，导致畸形瓜比例增加。

防治方法 ①调整棚内温、湿度。高温和多湿可促进果实膨大，低温与干燥抑制果实膨大，湿度大时或连续晴天应控制果实发育，据天气变化进行灌水和通风换气，使果实发育后半期的膨大速度与前半期相同时，就产生正常果。同时要加强肥水管理，形成强健的瓜株。培育健壮植株，建立强大的营养体系是形成优良商品瓜的基础，也是受精正常的重要保障。采用测土配方施肥技术，施足底肥及时追施伸蔓肥，酌情施用膨瓜肥，保护养分供应充足。水分管理上注意适当蹲苗，促进根系生长，蹲苗不要过火，防止出现僵苗。整枝后到果实膨大期结束要注意保证水分充足，促进果实生长和果实膨大。②增加授粉昆虫，提高授粉质量。③增加花粉活力，提高花粉抗逆力，可在花期喷施5～20mg/L的2,4-D，可刺激甜瓜花芽分化，增强花粉对外界环境的抵抗力，完成受精过程，起到减少畸形瓜的作用。④合理灌水，及时翻瓜，促进果实均衡生长。翻瓜时间以瓜重0.5kg时为宜，太小容易伤害幼瓜，太大则阴面很难在短时间内恢复，每年瓜在生育期中翻动3～4次为宜。⑤及早摘除畸形瓜，结好第2批瓜。生产上在畸形瓜刚形成后摘除，其消耗养分有限，此时茎尖尚未停止生长，对植株影响较小，对第2批花形成有利，可及时坐好第2批瓜，否则需时较长。⑥坐果前喷洒25%甲哌鎓水剂2500倍液。

薄皮甜瓜、厚皮甜瓜塌秧

症状 甜瓜塌秧发生在甜瓜生长后期。天气晴朗突降暴雨后的寒冷夜晚，易出现塌秧。发生轻的慢慢能恢复，严重的多枯死。

厚皮甜瓜塌秧

病因 主要有两种。一是瓜田低洼雨后积水或土壤中含水量过高，造成根部窒息或处在嫌气条件下，土壤中产生有害物质，致根中毒或造成根的腐烂。二是在炎热的夏季，白天地温高，地表常达40℃，这时瓜叶蒸腾作用旺盛，根系吸收的水分通过输导组织从叶片蒸腾出去，体温得到调节，但在突然遇到暴雨转晴地温突然降低的寒冷夜晚，耕作层土温低，蒸腾作用受抑，致瓜秧倒伏。

防治方法 ①选用耐热的甜瓜品种。②其他方法参见嫁接西瓜、小西瓜急性凋萎病。

薄皮甜瓜、厚皮甜瓜低温障碍

甜瓜是喜温耐热极不耐寒遇霜就死的植物，保护地栽培时，常遇到低温障碍，尤其是厚皮甜瓜更易发生冷害。

症状 幼苗或成株叶片、茎蔓出现水渍状浸润斑块，叶缘较多，逐渐出现组织坏死、干枯，持续时间长则整株萎蔫死亡。根系不再产生毛细根，逐渐变成褐色或沤烂；组织正常分化受阻，节间缩短，龙头消失，花芽分化失常，形成僵瓜，裂瓜严重。

病因 气温低于5℃，持续24h，甜瓜叶片的叶缘、茎蔓开始出现水渍状浸润斑块；气温低于7.4℃，持续48h，数日后叶片叶缘产生不规则浅绿斑或干枯斑；地温低于13℃，不再产生毛细根，根系变褐，造成植株死亡。膨瓜期地温连续16天低于13℃，植株全部死亡。膨瓜期连续7天以上低于20℃则瓜膨大不良，有可能产生僵瓜且裂果现象严重。

厚皮甜瓜低温障碍

厚皮甜瓜低温条件下根变褐不生毛细根

防治方法 ①选用耐低温弱光甜瓜品种，如伊丽莎白、八里香、龙甜1号、白沙蜜、盛开花、红城系列甜瓜等。②科学确定育苗时间，在北京、山东厚皮甜瓜育苗时间以12月中旬末较适宜，要求光补偿点达3000lx以上，光饱和点达60000lx，日照时间10h以上。③培育适龄壮苗，苗龄达40天，4叶至4叶1心，苗高15cm左右。④棚室内配置暖风炉，有条件的加装高压汞灯、碘钨灯等。严格控制浇水，防止地温降低。有条件的安装滴灌设施或进行膜下渗浇，切忌大水漫灌。⑤改变整枝方式，尤其是长期低温后，出现畸形节，龙头消失、坏死时，应马上换头，方法是把受害节位去掉，促使正常节间的侧蔓尽快萌发，选1～2枝正常健壮的侧蔓替代主蔓，以利尽快开花坐果。⑥低温天气出现之前或过后，及时喷洒0.01%芸薹素内酯乳油10000倍液，可提高幼株夜间耐7～10℃低温的能力，或喷施3.4%赤·吲乙·芸可湿性粉剂7500倍液、天达2116壮苗灵600倍液+1g 96%噁霉灵3000倍液，防病增产。也可喷洒植物抗寒剂水剂，每667m²用量100～200ml，增产20%以上。

薄皮甜瓜、厚皮甜瓜叶烧和日灼

症状 ①甜瓜叶烧。发生在持续高温或连阴雨后突然转晴的条件下，叶片凋萎，虽可逐渐恢复，但叶片的边缘变褐枯死，似火烤状，生产上称作叶烧病或高温障碍。②甜瓜日灼。主要发生在果实上，向阳面的甜瓜果皮褪绿变硬呈黄白色至黄褐色，有光泽似透明革质状，后变白色或黄褐色斑块，有的出现皱纹，干缩变硬后凹陷，当日灼部位受病菌侵染或寄生时，长出黑霉或腐烂。叶上发生日灼时，初期叶褪绿，后叶的一部分变成漂白状，最后变黄枯死或叶缘枯焦。

薄皮甜瓜日灼

厚皮甜瓜日灼

病因 ①甜瓜叶烧。多发生在雨后骤晴时，甜瓜叶片突然蒸发散失水分过多，这时根系吸收的水分不能及时补足，则引起叶烧。②甜瓜日灼。系甜瓜生育后期，果实上缺少叶片覆盖，尤其进入夏季，高温条件下太阳光直接照射果实，致果面温度升高，蒸发消耗水分增加，当果面温度过高且持续时间较长时，即显症。

防治方法 ①选用白皮梢瓜等抗叶烧和日灼的品种。也可选用伊丽莎白、黄旦子、巴的、绿珍珠等早熟品种。②施用酵素菌沤制的堆肥或生物有机复合肥，改善土壤通透性，保护地种植甜瓜要加强通风，使叶面温度下降，阳光过强可采用遮阳网覆盖，降低棚温。③及时灌水，强光下棚内气温及甜瓜体温急剧升高，蒸腾量大，要及时灌水降低植株体温，避免发生日灼。④控制好土壤水分，尤其结果期不可过干过湿，大雨前不宜过干，雨后及时排除积水。⑤及时适度整枝打杈，保证植株叶片繁茂，加强植株体内多余水分的蒸腾，防止强光直接照射果实。⑥雨季或大雨前要及时采收。⑦喷洒 0.1% 的 96% 硫酸铜或 0.1% 硫酸锌可提高抗热性，增强抗日灼能力。⑧喷洒 27% 高脂膜乳剂 50～100 倍液有一定保护作用。⑨用瓜叶覆盖在果实上，也可与菜用玉米等高秆作物间作。⑩设置遮阳网。

薄皮甜瓜、厚皮甜瓜生理叶枯症

症状 在一些无网纹的甜瓜品种生产中，田间或棚室经常出现叶枯症。进入果实膨大期，在果实四周或附近叶片上现组织变白或变褐干枯现象，且不断扩展。这种情况往往在连阴雨转晴后养分、水分供应不足时开始发生，叶片枯死部位有时在叶缘，有时发生在叶尖上，也有的出现在叶脉间。

厚皮甜瓜生理叶枯症

病因 一是土壤干燥、土壤溶液浓度过高。土壤盐分积聚，造成根系吸收水分受到阻碍，容易发生叶枯症。二是土壤中缺镁或施用钾肥过多，影响镁的吸收。镁是形成叶绿素组分之一，缺镁时叶绿素形成受抑制，造成叶脉间出现黄化现象。三是植株整枝过度，抑制了根系的生长，坐果过多增加了瓜株的负担，造成根系吸收水分、营养与地上部消耗水分的矛盾而引起叶枯症。四是甜瓜嫁接时砧木选择不当或技术不到位，嫁接苗愈合不好，也容易引起营养障碍。

防治方法 ①增施有机肥并深耕改良瓜田土壤，改善根系生长条件。②培育根系发达的适龄壮苗，适时定植，生长前期注意促进根系的生长。③合理整枝打杈，不要整枝过度而限制根系生长，影响到根系的吸收能力，留果适当以减轻瓜株负担。④嫁接时要选择亲和力强的砧木，改进嫁接技术。⑤发现瓜株缺镁时，叶面喷洒1.5%硫酸镁溶液，隔7天再喷1次。

薄皮甜瓜、厚皮甜瓜发酵果

症状 主要有两种，一是正常果实成熟过度引起的发酵果，二是早期出现异常的发酵。发酵果果肉呈水渍状，果面潮湿，食味上出现刺激舌头的感觉。收获当时发生发酵或果肉变质尚属正常，但在追熟过程中出现发酵味均为发酵果。

厚皮甜瓜发酵果

病因 主要是缺钙引起，供钙不足时果肉细胞与细胞间组织变形，从变形的组织开始发酵。一是钙素向果实移动受阻。氮素过剩，土壤水分过湿或植株长势过旺，常造成钙素向果实移动受阻。二是钙素吸收受阻。钙主要存在于幼嫩部位，当氮、钾元素过高时，影响了钙的吸收利用。三是高温、干燥、根系发育不良、生长

弱等不良条件易引起发酵果。四是嫁接栽培过程中，过量施肥，坐果数不足时发生较多。氮与同化养分集中在少数果实中，同时钙不足，就会加剧果肉发酵。

防治方法 ①采用甜瓜配方施肥技术，均衡合理施用腐熟有机肥，供给充足的钙、镁，避免氮、钾施用过量，使瓜株生长健壮。②注意栽培环境的调控，土壤干湿度适宜，保持土壤疏松，光照充足。③适期早收，防止成熟过度，尤其是糖分含量高的品种。

薄皮甜瓜、厚皮甜瓜裂果

症状 甜瓜进入果实膨大期以后，常从瓜的脐部或蒂部形成环状开裂，也可在其他部位出现纵向或横向开裂，裂果严重的常露出瓜的内部组织，外露组织常遭到链格孢、镰孢、枝孢、粉红单端孢等多种真菌寄生，导致瓜果腐烂。

厚皮甜瓜裂果

病因 一是甜瓜品种有差异。二是瓜肩部受阳光直射而老化，而棚

内温度过高，致使果肉迅速膨大所致。三是膨瓜期浇水过迟或果实已停止膨大时浇水。四是果皮已形成较厚木质化细胞壁，浇水后细胞改变原来的代谢而出现裂瓜。五是土壤中缺钙和硼，引起果皮老化造成裂瓜。六是过量追施氮肥，果肉中硝酸盐含量增高，裂瓜多。七是蘸花时生长素浓度过大也会引起裂果。

防治方法 ①提倡做南北向畦，选留畦内侧的雌花作为授粉花。②保持适宜温、湿度，棚温超过35℃要放风，低于25℃要闭风，夜间温度不低于15℃，空气相对湿度保持在50%～60%。③膨瓜期浇水及追肥管理。甜瓜大枣大小时要及时浇膨瓜水，肥水量不宜过大，同时每667m² 随水冲施高钾复合肥（N18-P6-K26）10～15kg，结合喷施钙伽力或金克拉，可防止裂瓜、增甜。④采收前15天停止浇水，防止裂瓜。⑤采用甜瓜测土配方施肥技术，防止氮肥过多，防止裂瓜。

薄皮甜瓜、厚皮甜瓜化瓜

症状 甜瓜雌花开放后，子房出现黄化，2～3天后开始萎缩，之后逐渐干枯或死掉。

病因 一是土壤肥力不够，温、湿度不稳定，阴冷低温天气持续时间长，光照不足，光合作用下降，植株生长弱，造成雌花营养不良，子房因供给养分不足或得不到养分而黄化。二是栽植过密，施入氮肥过多，

整枝摘心不及时，造成营养生长与生殖生长失衡。三是坐果期夜温高于18℃，呼吸作用增强，导致徒长，易出现化瓜。四是棚内温、湿度变化剧烈，授粉不良影响花粉发育和花粉管的伸长。

厚皮甜瓜化瓜

防治方法 ①采用高畦栽培，合理密植，每667m² 保留2000株。②及时整枝摘心，甜瓜甩蔓时结合绑蔓进行整枝，采用单蔓整枝、子蔓结瓜法。瓜前留1～2片叶摘心，待植株长到21片叶时摘顶，以调节营养生长和生殖生长及增强通透性。③进行人工辅助授粉或激素处理。开花期上午8～10时进行授粉，也可用0.1%氯吡脲可溶液剂50～100倍液涂瓜柄可提高坐瓜率，防止化瓜。

薄皮甜瓜、厚皮甜瓜泡泡病

症状 甜瓜泡泡病是甜瓜保护地常见生理病害，一旦发生病株率较高，主要为害叶片。叶片染病后部分叶组织向叶正面凸起，致叶面凹凸不平呈泡泡状，故称作泡泡病。后期凸

起部分褪绿变黄，后变成黄褐色至灰褐色，严重的下陷坏死，有的呈半透明状或破裂，病斑背面凹陷处组织增厚，叶缘向下卷曲，有的腐生有黑褐色霉状物。

厚皮甜瓜泡泡病

病因 有两种说法，过去一直认为是生理病害，现在有人认为是细菌病害，但尚未最后定论。一般冬春茬甜瓜，定植早，生长前期温度低，生长缓慢，长期处于阴冷天气，光照严重不足，中后期天气晴好，高温浇大水易发病。

防治方法 ①选用发病轻的甜瓜品种。②选择适宜甜瓜种植的季节定植甜瓜，不要过晚，苗龄适当，不可过大。③移苗时要注意少伤根，采用测土配方施肥技术，施足腐熟有机肥，增施磷钾肥。改良土壤结构，增加土壤通透性，促进根系发育，浇水要均衡，土壤过于黏重地块，要浇小水，并注意控制湿度。④甜瓜生产中避免使用激素类植物生长素。防治白粉病时避免用三唑酮（粉锈宁）。⑤发病前喷洒2%春雷霉素水剂500倍液或77%波尔多液500倍液。

薄皮甜瓜、厚皮甜瓜早衰

症状 甜瓜刚转色时或甜瓜进入膨大期就开始出现从下到上叶片黄化，放风口两侧较严重，造成甜瓜产量低、品质差，严重的造成瓜株萎蔫死亡。

病因 主要是根系生长不良或浇水过大引起伤根。或留瓜太多，营养供不上或甜瓜病虫害严重，都会引起早衰。

甜瓜早衰

防治方法 ①进行轮作，深翻土壤，增施生物菌肥，采用垄作，及时划锄提高土壤透气性。②培育健壮的根系，早春时气温偏低地温提不起来，造成甜瓜根系生长发育不良，加强中耕松土，使根部土壤疏松、通气良好、根系机能改善。③加强甜瓜膨果期的肥水管理，膨果期追肥以水溶性高钾为主，配施生物菌肥及甲壳素、海藻酸等肥料，甜瓜长到鸡蛋大小时，每667m²冲施肥力钾全水溶性肥料5～7.5kg、阿波罗963养根素1kg或激抗菌968生物菌冲施肥40kg，全面补充营养，促根生长。根据甜瓜需肥、需水规律，均衡供应肥水，防止土壤忽干忽湿。④合理整枝留瓜，整枝过重或单株留瓜多，也会造成早衰。⑤甜瓜生长后 7～8 天，喷 1 次膨大素，10ml/ 支，对水 30kg。开花前叶面喷施 0.3% 氯化钙和速乐硼 1500 倍液，连喷 2～3 次，防止裂瓜。⑥厚皮甜瓜青黄色转为红黄色时，商品性最好。白天棚温控制在 33℃以下，夜间 15～18℃，采摘前浇一小水。

薄皮甜瓜、厚皮甜瓜黄叶病

症状 甜瓜叶片叶脉间叶肉褪绿变黄，多由下向上蔓延，最后整个叶片黄化。拔出根部可见主根较短，毛细根较少，出现表面发黄的症状。肥害造成烧根，也会引发黄叶病发生。

病因 一是由于根系生长不良，营养元素吸收困难引起的。二是冲施肥过量出现肥害烧根引起的。

防治方法 ①从苗期开始精心管理培育壮苗壮棵，前期养根壮棵，注意改良土壤，创造适宜瓜株生长的土壤环境。定植之前施足底肥，可施顺藤生物有机肥或发酵好的有机肥。还要进行土壤深翻，深度以 30cm 为宜，这样既能补充瓜株生长所需的营养，还能改良土壤结构，降低土壤次生盐渍化，减少土壤病原菌，创造有利于根系发育的土壤环境。②定植时穴施生物菌肥，该菌肥能有效活化疏松土壤，提高有机肥的利用率，更重要的是生物菌肥中的有益菌能抑制土壤中的有害菌侵染，减轻病害发生，只有根系强大，毛细根才能大量吸收土壤中的养分和水分，达到壮棵的目的，从而提高植株自身的抗逆性、减少黄叶发生。③重视叶片养护，叶片是瓜株进行光合作用的工厂，是甜瓜获得高产的基础。延长叶片功能期、防止叶片早衰需要重视对叶片的养护，注重合理施肥浇水，及时补充土壤中消耗的养分，保证叶片正常生长，不会发生因缺素而引起的各类生理性黄叶，防止叶片早衰。④水分管理上要浇好三水。第一水蘸瓜前 2～3 天浇一次，并随水冲施平衡型水溶肥，每 667m² 冲施 10kg；第二水是蘸瓜后 7 天，随水冲施平衡型水溶肥，用量同第一次，浇水后喷用胶囊型膨大素；第三水为蘸瓜后 15 天，并随水冲施高钾型水溶肥 10kg。然后喷洒浓度较高的膨大素水剂 2 支（每支水剂 5mL），兑水 15kg 喷 1 次，可促进甜瓜快速膨大。

甜瓜黄叶病

薄皮甜瓜、厚皮甜瓜黄化症

症状 棚室冬春栽培的甜瓜，进入采瓜期后植株的上位、中位叶片迅速黄化，早晨观察叶背面呈水渍状，气温升高后水渍状消失，几天后叶片逐渐黄化，尤其是在低温条件下，生长势弱的甜瓜品种易发病。

厚皮甜瓜黄化

病因 一是气候原因，甜瓜结瓜期温度偏高，随之大棚内地温也高，瓜株根系生长较差，毛细根很少，影响了甜瓜植株对营养的吸收，叶片生长所需的营养不足，尤其是坐瓜期更明显，再加上叶片功能不强，造成整株黄化。二是用药偏多，用药次数多叶片很易受害，出现叶片黄化加重。三是重茬，甜瓜产区连年种植甜瓜，易产生连作障碍，不利甜瓜根系正常生长和甜瓜营养的供应。

防治方法 ①加强肥水管理，每 667m² 冲施肥力钾等水溶性肥料 5～7.5kg，小水勤浇，肥料要少量多次，加强叶面养护。叶面可喷洒氨基酸、甲壳素等。②灌根时可选用 50% 甲基硫菌灵 800 倍液 +33.5% 喹啉酮悬浮剂 800 倍液或 70% 噁霉灵可湿性粉剂 1500 倍液混加 27.12% 碱式硫酸铜（铜高尚）500 倍液，每株用对好的药液 200ml。

薄皮甜瓜、厚皮甜瓜徒长苗

症状、**病因**、**防治方法** 参见西瓜、小西瓜徒长。

厚皮甜瓜徒长

薄皮甜瓜、厚皮甜瓜缺素症

症状 ①缺氮。甜瓜下位叶至上位叶逐渐变黄，初发病时叶脉间变黄，叶脉凸出可见，最后全叶变黄。②缺磷。甜瓜苗期叶色浓绿、硬化、矮化，叶片小，稍微向上挺，严重时，下位叶产生不规则褪绿斑。③缺钾。甜瓜生长前期叶缘出现轻微的黄化，从叶缘开始，然后是叶脉间黄化。④缺镁。甜瓜下位叶表现异常，叶脉间的绿色渐渐地变黄，严重缺镁时，除叶缘残留点绿色外，叶缘间均黄化。⑤缺铁。甜瓜植株的新叶除叶脉外全部黄化，渐渐地叶脉失绿，用营养液培养的幼苗可见到上位叶黄化现象。⑥缺锌。从中位叶开始褪色，叶脉较健叶明显；随脉间褪色，叶缘从黄化变成褐色；因叶缘枯死，叶片向外侧略卷曲；生长点附近的节间短缩；新叶不黄化。⑦缺钙。甜瓜上位叶稍小，向内或向外卷曲；长期连续低温、日照不足，突然转晴气温居高不下，生长点附近的叶片叶缘卷曲枯死；上位叶的叶脉间黄化，叶片变小，出现矮化症状。⑧缺硼。甜瓜生长点附近的节间明显缩短；上位叶向外侧卷曲，叶缘部分变褐色或叶缘呈宽带式黄化；上位叶叶脉稍有萎缩现象；果实表皮木质化。⑨缺硫。甜瓜整株生长异常不明显，但中、上位叶片的叶色变淡。⑩厚皮甜瓜缺锰。植株顶部叶片脉间失绿黄化，严重的叶片上出现褐色小斑点。

病因 ①缺氮原因。一是前茬施有机肥少、土壤含氮量低。二是露地栽培时降雨多，氮被淋失。三是沙土、沙壤土阴离子交换少的土壤易缺氮。四是气温低，以有机肥为主的，肥料分解慢，氮一时供应不足。②缺磷原因。土温低时，即使土壤中磷素足够，但也难以吸收，易导致缺磷。土壤中全磷含量 150mg/100g 以下时，施用磷肥效果明显。③缺钾原因。在沙土等含钾量低的土壤中或肥料中钾含量不足或地温低日照不足，阻碍了对钾的吸收或施氮过多产生对钾吸收的拮抗作用，均可出现缺钾症状。④缺镁原因。土壤含镁量低或土壤中钾、氮过量妨碍了对镁的吸收，尤其

是保护地更加明显。⑤缺铁原因。一是碱性土壤易缺铁。二是磷肥过量也易缺铁。三是土壤过干过湿、温度低，根的活力不强易发生缺铁。四是土壤中铜、锰过量，妨碍对铁的吸收

甜瓜缺磷后期叶上有枯斑

甜瓜缺钾基叶叶缘发黄

甜瓜缺镁叶脉间黄化

甜瓜缺铁叶黄色

甜瓜缺锌叶窄变黄

甜瓜缺钙生长点附近叶缘
卷曲枯死（胡永军）

甜瓜缺硼出现宽带式叶缘黄化（孙茜）

引起缺铁。⑥缺锌原因。一是光照过强易发生缺锌。二是若磷肥过多，植株即使吸收了锌，也要表现缺锌。三是土壤pH值高，即使土壤中有足够的锌，但其不溶解，也不能被吸收。四是蛇纹岩、橄榄岩的母质风化土含镍多，妨碍对锌的吸收。⑦缺钙原因。一是氮多、钾多妨碍对钙的吸收。二是土壤干燥，土壤溶液浓度居高不下，阻碍钙吸收，空气湿度小，蒸发快，补水不足时容易出现缺钙。三是在缺钙的酸性土上，钙供给不足。四是堆肥施用过多，土壤中钾含量高时，常发生缺钙。五是甜瓜根群分布浅，生育中后期地温高时易缺钙。⑧缺硼原因。一是在酸性的沙壤土上，一次施入过量的石灰质肥料易出现缺硼。二是瓜田土壤干燥影响对硼的吸收。三是土壤有机肥施用量少，在土壤pH值高的瓜田易发生缺硼。四是施用了过多的钾肥，妨碍了对硼的吸收，也易出现缺硼症。⑨缺硫原因。一是在保护地中很少施用硫酸铵、硫酸钾、过磷酸钙等含硫较多的肥料。二是长期施用无硫酸根的肥料，容易出现缺硫症。⑩缺锰原因。在碱性或石灰性土壤及沙质酸性土壤上，土壤中锰的有效性随土壤pH值上升而降低，pH值接近中性时，土壤中交换性锰也很少。生产上水稻、瓜类轮作地区，会加速锰的流失，使瓜田出现缺锰。

防治方法 ①缺氮时可在甜瓜授粉2周后，追施发酵好的人粪肥或叶面喷施氮肥，施用氮肥时，平均每株甜瓜需氮5g，施氮基准应为12g。气温低时用硝态氮。②防止缺磷。从定植前施用足够有机肥入手，苗期培养土平均每升要施入1300mg P_2O_5，才能满足甜瓜幼苗需要。每结瓜株磷吸收量为2g，瓜田补磷可用磷酸二铵、三元素复合肥，应急时叶面喷洒0.2%磷酸二氢钾2次。③防止缺钾。甜瓜对钾的吸收量平均为每株7g，按此标准计算施入足够的钾肥，可施用腐熟有机肥或堆肥，以满足甜瓜生育中后期对钾肥的需要。此外，还可一次追施硫酸钾，每667m²追施3～4.5kg。④防止缺镁。栽植前要施足镁肥并注意土壤中钾、钙等的含量，保持土壤适当的盐基平衡，尤其是氮、钾不要过量，以利镁的吸收和利用。应急时，叶面喷洒1.5%硫酸镁水溶液。⑤防止缺铁。种植甜瓜的土壤pH值6～6.5为适，防止土壤过干或过湿。应急时叶面喷洒0.3%硫酸亚铁溶液或柠檬酸铁100mg/kg水溶液。⑥防止缺锌。采用测土配方施肥技术，土壤中

不要过量施入磷肥；正常情况下，缺锌时，每667m²施入硫酸亚锌1.3kg；应急时，喷施0.15%硫酸锌水溶液。⑦防止缺钙。测土测得缺钙时，可施入石灰，要求深施，使其分布在根层内；防止一次性施氮、钾过多；要适时灌水，保证水分充足；生产上应急时叶面喷施0.3%氯化钙水溶液，每周2次。⑧防止缺硼。测土已知缺硼，可在有机肥中施入硼肥，甜瓜、南瓜等对硼较敏感，每667m²施硼酸1.2kg，要适时浇水，防止瓜田干燥，不要过多地施入石灰肥料，适当增施有机肥，提高土壤肥力；应急时叶面喷施0.12%～0.2%的硼砂或硼酸水溶液。⑨防止缺硫。甜瓜田注意施用含硫的硫酸铵、硫酸钾、过磷酸钙等肥料，防止土壤缺硫。⑩防止缺锰。施用硫黄中和土壤碱性，降低土壤pH值，提高土壤中锰的有效性。每667m²轻质土壤施入硫黄1.4kg、黏质土2kg，或土壤中施入硫酸锰1～2kg。应急时叶面喷洒0.15%硫酸锰，每667m²用对好的肥液50kg。⑪初花期、结瓜期喷洒25%甲哌鎓水剂2500倍液各1次。

薄皮甜瓜、厚皮甜瓜氮过剩症

症状 甜瓜叶片肥大，叶色深绿，叶柄、节间较长，植株易徒长，叶脉间有时出现黄化，花蕾细长，子房较小，果实生长缓慢，易落花、落果，营养育苗土加入氮素过量，常造成叶缘烧灼现褐色枯边。

甜瓜氮过剩症叶片肥厚浓绿、
脉间凹凸不平

病因　施入氮肥过量，造成氮肥转化成氨基酸进一步生成生长素，刺激了甜瓜幼叶的迅速生长。生产上连茬栽培，瓜农总怕施肥不足而增加施肥量造成氮肥过剩。

防治方法　①培育壮苗，坐果前适时蹲苗，防止植株徒长，适当降低棚内温度，夜温保持在 12 ～ 14℃。②平衡施肥，按照甜瓜生长的不同时期对营养的需要，每 667m² 施充分腐熟有机肥 3000 ～ 4000kg、磷酸二铵 30kg、尿素 10kg、钾宝 20kg，粗肥与土掺匀，做到氮、磷、钾平衡施肥，不要偏施氮肥。③肥水管理。定植前需控肥水，坐的瓜核桃大小时可施肥浇水，每 667m² 追施可富三元复合肥 10kg、钾宝 10kg、尿素 5kg，隔 1 水追 1 次肥。及时灌水促甜瓜营养生长和生殖生长协调，坐瓜前适当蹲苗，防其徒长，适当降低棚内温度，夜温保持在 12 ～ 14℃，可减少氮素过剩症。

薄皮甜瓜、厚皮甜瓜锰过剩症

症状　锰过剩造成甜瓜不能正常开花结果，主要表现为植株下部叶片脉间开始褪绿黄化，叶片上出现褐色斑点，严重时从叶缘向内干枯，茎、叶柄的茸毛基部也呈褐色。浓度越高锰中毒出现越早，症状也越严重。

薄皮甜瓜锰过剩症叶上出现褐色小斑点

病因　锰中毒主要发生在母质含锰较高的酸性土壤上，尤其是土壤 pH 值小于 5 时，土壤水溶性锰或交换性锰增多，很容易发生锰中毒。

防治方法　对于锰中毒的土壤要增加石灰，提高土壤 pH 值，降低锰的有效性，可抑制甜瓜对锰的吸收，减轻锰的毒害。

薄皮甜瓜、厚皮甜瓜亚硝酸气害

症状　薄皮甜瓜、厚皮甜瓜亚硝酸气害分急性型和慢性型两种。①急性型。在叶片上产生很多白色坏死斑点，严重时多个斑点融合成片，致叶片焦枯。②慢性型。仅叶尖或叶缘先黄化，后向叶中部扩展，病部发白后干枯，病、健部分界明显。

厚皮甜瓜亚硝酸气害急性型症状

病因 大量施用未经腐熟的牲畜或禽类粪便等有机肥及化肥后，在土壤由碱性变为酸性的情况下，硝酸化细菌的活动受到抑制，造成硝酸不能及时地转换成硝酸态氮，保护地内释放出的亚硝酸浓度达到 $2×10^{-6}$ 时，就会从薄皮甜瓜、厚皮甜瓜叶片的气孔和水孔侵入，引起亚硝酸气危害。地温高，尤其是地温急剧变化时易发生，这是因为在低温时微生物活动较弱，氮肥的分解往往停止在中间阶段，在这种情况下，如果温度迅速升高微生物活跃起来，就会造成铵和亚硝酸过剩，发生亚硝酸气害。尤其是保护地施用大量未腐熟有机肥，很易发生亚硝酸气害。

防治方法 ①土壤盐渍化、硝化细菌数量减少和土壤呈酸性反应，都是亚硝酸气体产生的前提条件，因此，生产上施用稻草或其他未腐熟的秸秆，有利于恢复土壤微生物平衡和改良土壤，同时也可避免或减少亚硝酸在土壤中的积累。②连作多年的保护地土壤经常出现盐基离子减少，造成土壤酸化，这时施入适量石灰，既能中和土壤的酸度，避免亚硝酸气体的挥发，又能补充土壤钙素的不足。③保护地避免把肥料追施于土表，追肥后要及时灌溉，土壤水分充足，即使产生气体，也会有一部分溶解在水中。④生产上采用测土配方施肥技术，做到氮磷钾配合施用，不要偏施、过施氮肥。⑤发现有害气体时，及时通风换气，以减少危害。

薄皮甜瓜、厚皮甜瓜盐渍化障碍（吐白水）

症状 甜瓜下部叶片边缘早上出现吐白水的情况，气温升高后，棚内湿度变小时，叶缘上的白水变成了一层"白碱"或白边，持续几天后又变成了褐色枯边，这是一种盐渍化障碍，表示土壤中出现了较大的问题。

病因 叶缘吐出了白水，一是甜瓜长期超量施用各种化肥造成土壤盐分浓度过高，甜瓜根系不能正常吸收，是一种盐害。前几年甜瓜生产上一度喜欢用鸡粪、稻壳类等有机肥，后因用量大费时费力，于是又改用施复合肥、磷酸二铵等配施少量商品有机肥，浇水时给甜瓜冲施一定量的化肥，这种施肥方式造成土壤溶液浓度越来越高，当瓜株吸收这些盐分后很快输送到叶片里，尤其是进入结果期，棚内外湿度大，昼夜温差也大或北方露水重，结露持续时间长，浇水后叶片吐水相当普遍，就会把过多的盐分随吐水一起吐到叶缘上，产生了"吐白水"现象，当太阳升起后，叶表面的水滴被蒸发以后，白水就变成了"白碱"，持续几天后白边变成了褐边。二是过量施用未腐熟的鸡粪，其中所含的尿酸盐、矿质元素等会使土壤耕作层含盐量骤然增高，引起pH值变化或使土壤变碱，阻碍甜瓜根系的生长发育，鸡粪在土壤中发酵时还会产生大量的氨气和生物热会直接伤害根系，造成瓜株矮小，易受冻害和药害。三是生产上连茬地、重茬地有机肥严重不足，大量、过量施入化肥的地块经常出现营养不良现象，长期施用化肥会使土壤中的盐离子不断增多，造成土壤pH值升高，使土壤盐渍化越来越重。土壤里的盐分借毛细管水上升到表土层积累，使土壤根压过小造成养分吸收输导困难，瓜株生长缓慢。土壤中瓜株根压过小，反而向瓜株索要水分，造成局部水分倒流，这时保护地棚室或夏季露地中的温度高，水分蒸发量大，叶片因根压不足吸水和养分不足，叶缘枯干，

甜瓜盐渍化障碍叶缘吐白水，后叶缘变褐

以致产生盐渍化状态萎蔫或枯萎，这是难以医治的重症，必须引起高度重视。

防治方法 ①增施有机肥，每667m² 施优质有机肥 5000kg，或发酵好的鸡粪 7000kg，分次施入，少用或不用容易增大土壤盐类浓度的化肥。氮肥过量的地块增施钾肥和动力生物菌肥，以求改变土壤透气性和盐性环境。连作瓜地，可施用亚联肥改善盐渍化状态或用动力生物菌肥，加快土壤吸收活性。②重症地要灌水洗盐或泡田淋失盐分。及时补充流失的钙、镁等元素。③深翻土壤至 30cm，增施腐熟秸秆 1000kg 等松软性物质，加强土壤通透性和吸肥性能，这是改变盐积化土壤的根本。对连续 3 年种植甜瓜的连作地可施入氰氨化钙，每667m² 用 50 ～ 90kg，结合进行高温消毒，可有效改变土壤理化性质。

薄皮甜瓜、厚皮甜瓜花斑叶

症状 初发病时仅叶脉间的叶肉产生深浅不一的花斑，后花斑中的浅色部分逐渐变黄，叶表面稍凹凸不平，凸起部分呈现黄褐色，后整叶渐渐变黄并趋于变硬，造成叶缘四周向下垂，不同于一般叶片黄化。

病因 这是一种生理病变。一是碳化化合物在叶片中积累引起的，因为糖分在叶片中积累会引起叶片生长不平衡，造成糖分不能均匀地输送到生长点和果实里，引起叶片硬化，叶缘下垂。出现这种情况主要是

前半夜夜温低，甜瓜叶片白天进行光合作用，形成的碳水化合物输运发生障碍，叶片老化，生理抗性下降。二是缺钙、缺硼，也会影响碳水化合物在体内的运输、积累，引起花斑叶。

甜瓜花斑叶病叶

防治方法 ①棚内温度和土温达到15℃时定植，当棚内达不到这个标准时，要想办法提高棚温和地温，以利根系发育，增强对肥水的吸收能力，使碳水化合物运输正常。②合理施肥，提倡配方施肥施用全元肥料。不能缺少钙、硼、镁等元素，增施有机肥，提倡用酵素菌沤制的堆肥。③按甜瓜每天对温度的要求进行调控，上午25～30℃，下午25～28℃，前半夜保持在15～20℃。④适时浇水，不宜控水。

薄皮甜瓜、厚皮甜瓜金镶边

2013年寿光种的甜瓜叶片产生了镶金边的现象，菜农又称焦边叶、金边叶。

症状 主要发生在生长点附近的新叶或中下部叶片，严重时大面积叶边变黄。这是一种生理病害，不是病毒病。

病因 一是缺钾或施肥过量，多发生在中下部叶片上。这是底肥氮磷含量偏高，钾肥略显不足所致，进入4月中旬甜瓜进入膨瓜期，对钾肥需求量增大，造成钾肥不足易引发该病。二是出现了土壤盐渍化，土壤溶液浓度过高，易引发植株从下向上产生黄边现象。土壤中氮、钾离子含量过高造成土壤盐渍化，土壤中出现各种元素的吸收受到干扰，尤其是硼、铁等中微量元素吸收受抑，也易产生黄边。三是产生药害或气害，也有可能引起中下部叶片产生黄边。

甜瓜出现金镶边初期症状

甜瓜金镶边中后期症状

防治方法 采用甜瓜测土施肥技术，施肥氮磷钾要全面考虑。最好采用有机肥加无机肥加生物菌肥，有机肥每 667m² 用 15 ～ 18m³；必须提前腐熟，配施肥力高；无机肥用复合肥 40kg 加锌肥 1kg、铁肥 2kg、硼肥 1kg；生物菌肥 50kg。甜瓜进入膨瓜期后以追施水溶性高钾为主，每 667m² 冲施肥力钾 10 ～ 15kg，隔 10 天 1 次，共冲施 2 ～ 3 次，可有效防治金镶边。

薄皮甜瓜、厚皮甜瓜花打顶

症状 甜瓜生长点节间短缩，茎端瓜纽密生，上部叶片密集未见生长点伸出已封顶。甜瓜发生花打顶会严重影响产量。早期常减产 20% ～ 30%。

病因 一是苗龄过大，蹲苗过度，幼苗老化形成小老苗。二是土壤干旱，水肥供不应求，生长停滞。三是定植后长时间处于较低温状态，根吸收能力差。四是施肥或根部用药过多造成伤根或沤根严重。五是白天棚温正常，夜间温度过低或冷害持续时

甜瓜花打顶

间长，白天光合作用产物夜间未能运送到生长点。六是生产上使用乙烯利、矮丰灵、增瓜灵等激素浓度过大或栽培季节不合适。

防治方法 ①苗龄一般 20 ～ 25 天，苗龄不宜过大。蹲苗要适度，蹲苗时间不能太长，土壤不能太干，花打顶初期适时适量浇水。②定植前施足底肥，每 667m² 施入酵素菌沤制的优质有机肥 5000kg 或腐熟好的鸡粪 7000kg、氮磷钾复合肥 50kg、尿素 20kg。氮磷钾比例为 2∶1∶2。③定植时浇足水，如温度过低，可用少量水稳苗，待温度升高后再浇水，土壤含水量保持在 20%。缓苗后控水不要过大，防止过早。④创造适宜的温度条件，白天保持 28 ～ 30℃，夜间最低温度 12 ～ 16℃。如果温度低可在日光温室四周加盖一层草苫，棚内设二层膜或搭建小拱棚。⑤注意护根，定植时少伤根，适量浇水，防止沤根。⑥已产生花打顶的植株，及时采收，对雌花多的要及时疏除，只留 1 ～ 2 个果实。

薄皮甜瓜、厚皮甜瓜低温高湿生理病

症状 又称沤根病。主要发生在春瓜提早栽培中，经常出现。该病属生理性病害。甜瓜在定植初期遇到地温低于 12℃或受连续长时间或短期低温的影响，有时伴有连阴雨或降雪天气，会造成瓜株下部子子叶枯焦，第一真叶叶缘枯焦，并向内扩

展。地下新根少，尤其是土壤湿度高、持续时间长，造成地上组织出现失水性萎蔫，根部无新根，瓜株朽住不长。

甜瓜低温生理病萎蔫状

甜瓜低温生理病叶久阴雨放晴后症状

病因 一是甜瓜生长发育过程中遇上较长时间的连阴雨雪天气，缺少光照或寒流多次侵袭，造成甜瓜生长点伸展不开，叶片薄且偏黄。二是地温低，根系发育不正常。出现朽住不长或不死不活的状态。

防治方法 ①科学合理确定播种期，避开寒流侵袭。②采用多层覆盖或使用新棚膜提高棚温和地温。必要时日光温室使用增温增肥燃料，每667m² 使用增温块 8 ～ 10 块，可提高室温 2 ～ 3℃。③开好外围沟，并做好清沟理沟工作，保证排水通畅以降低棚内和土壤中的湿度。

薄皮甜瓜、厚皮甜瓜萎蔫病

症状 刚定植的春茬甜瓜苗出现了不同程度的萎蔫现象，严重的叶片青枯，植株不可恢复，原来长势越旺盛的植株萎蔫现象越严重，有的棚内甜瓜苗损失率高达 50%。春季北方天气变化大，长时间连阴天突然晴天后，甜瓜苗出现萎蔫现象是不可避免的，但通过提前采取措施，可以大大降低甜瓜苗的萎蔫程度。

甜瓜萎蔫病

病因 一是根系活动减弱。持续阴天，长时间闭棚保温，地温降低，棚内湿度大，叶片蒸腾量小，植株根系活动减弱，吸收功能降低。突遇晴天，叶片蒸腾量加大，根系吸收的水分难以满足叶片的蒸腾需求，从而出现萎蔫。这也正是叶片越大、长势旺盛植株萎蔫现象越严重的原因。二是植株营养运输功能不良。晴天后揭草苫子过急，放风量大，地上部和地下部营养运输功能不协调。根系吸收的养分不能及时地供给叶片，导致叶片出现饥饿现象。三是气害。尤其是棚内施入未腐熟的鲜鸡粪或干鸡粪作底肥，容易出现气害。持续连阴天，揭不开草苫子进行放风，棚内鸡粪发酵释放的氨气、氮氧化物、二氧化硫等有害气体积累，致瓜株出现黄化、萎蔫现象。四是甜瓜定植时，仍采用了大水漫灌定植。冬季定植后进行大水漫灌，土壤含水量过高，透气性差，容易出现沤根现象。加之在缺氧条件下土壤中易产生有毒物质，使根系出现中毒，从而导致植株萎蔫。另外，棚室地势低，地下水位高，追肥时化肥用量过多，灌根时药液浓度过大，都会造成植株急性萎蔫。

防治方法 要想避免甜瓜萎蔫发生，应及时做好以下防御措施。①充分施腐熟鸡粪等底肥。可以用激抗菌968肥力高、发粪宝等生物菌剂促进鸡粪的快速腐熟，减少气害。②培育壮苗。加强苗期管理，促进生根的同时，控制苗期叶片不要大而薄。③田间管理注意保温、增光。寒流或连阴天时利用"棚中棚"或草苫子上加盖浮膜或棚内使用碘钨灯等方式增光保温，促进缓苗根系深扎，增强植株抗逆性。④连阴骤晴后注意遮光。连阴骤晴后要适当遮光，给瓜株一定的缓冲调整时间。比如可以拉花苫子，即先拉开1/3草苫。⑤及时补充叶面水分和营养，缓解根系的压力。连阴天之前就要及时补充叶面营养，增强叶片的抗逆性；晴天后及时喷洒25℃的温水，补充叶面水分，减少叶片对根系养分和水分的消耗。晴天后及时追施促根、养根肥，促进根系的发育。

薄皮甜瓜（香瓜）出现苦味瓜

症状 2012年辽宁昌图县香瓜从外观上看很正常，只是吃时有苦味。

病因 一是在甜瓜开花坐瓜期使用了国光坐瓜灵，使用时间是下午，这可能是造成苦味瓜的原因之一。经了解国光坐瓜灵有效成分是0.1%氯吡脲，对温度非常敏感，温度高、浓度大时极易产生苦味瓜或畸形瓜。用药时间最好是早晚，下午温度高时使用就会出现上述问题。二是瓜农急于上市，香瓜成熟度不够就采收上市，瓜中的苦味苷等苦味物质没有充分转化，常存在于瓜皮和果柄附近，也可造成香瓜味苦。三是引起香瓜味苦原因比较复杂，环境温度低、施肥不均衡也有可能引起香瓜味苦。

防治方法 ①使用氯吡脲要慎重。甜瓜要在开花前1天或当天用0.1%氯吡脲可溶液剂50～100倍液涂抹瓜柄或瓜胎，可防止化瓜，提高坐果率，增加产量。用时要严格掌握用药浓度，浓度偏高会降低果实品质，形成空心果、畸形果等。气温低时适当提高用药量，气温高时适当降低用药量。用药宜在早上露水干后或下午4时后使用，严禁高温烈日下用药，30℃以上禁用，甜瓜采收间隔期为14天。②甜瓜进入膨瓜期冲施果丽达高钾型大量元素水溶肥每 667m² 用 8～10kg，有助于增加糖度。采收期不宜提前，等瓜株达生理成熟时采收，以利于苦味物质充分转化。

网纹甜瓜（厚皮甜瓜）无网纹或网纹少

症状 原本是产生网纹的优良的甜瓜品种，却不出纹或仅有部分果上形成网纹，即使在同一果实上，有时在阳面或阴面不产生网纹。

网纹甜瓜（厚皮甜瓜）无网纹或网纹少

病因 甜瓜果实表层组织开花后 7～10 天停止发育，深层组织继续发育，组织越深停止发育越迟，表面停止发育硬化后，内部组织再发育、膨大时，表面的硬化部分裂开，这就形成了网纹。但病果并不出现上边的网纹，表层组织也不硬化，一直发育；或虽发生硬化，但后来病果整体发育不良，也就出现了无网纹或少网纹甜瓜。生产上冬季或夏季遇有栽培条件和植株营养状态不良时就会产生无网纹果；温、湿度条件适宜的春季或初夏无网纹果发生少。生产上高

温多湿的春季促进发育的同时，组织硬化延迟，这样开花以后仍处在上述夏季栽培的条件易产生无网纹果；冬季日照不足，果实膨大不良，生产上又常进行高温多湿管理，人为促进果实发育，但终因日照不足引起的营养不良现象依然存在，易发生无网纹果。露地栽培时，降雨导致土壤及空气湿度高，当超过甜瓜需要时，任何季节都会出现无网纹果；网纹产生前后，如遇过湿、肥料障碍、病虫害引起根及茎叶受伤，果实发育停滞，经常产生无网纹果。

防治方法 开花后减少浇水量，促进果实表层组织硬化，果皮变成白绿色，敲击时声音大，这样做仍无法满足网纹发生所需条件时，把夜间温度降低 2～3℃，中午加强通风换气，降低室内湿度。开花后 20 天还不出现网纹时，再把夜间温度降到 15℃或 12℃，能促进网纹出现。

薄皮甜瓜、厚皮甜瓜植物生长调节剂药害

症状 一是保花的植物生长调节剂使用过量造成幼瓜崩裂，或膨瓜期使用高浓度激素，使幼瓜果面叶肉细胞过度膨大，其速度超过生长速度使甜瓜果实崩裂。二是秧苗期使用壮秧灵后，造成瓜株正常生长受抑，呈矮化簇状。三是叶片出现凹凸不平不规则泡泡状。

病因 调节甜瓜生长发育，促进花芽分化，增加雌花数量，提高坐

果率，必须严格按说明书规定用量使用，生产上加大使用量或随意混配都会产生生长紊乱、裂瓜、畸形等症状。

激素过量引起的甜瓜裂果典型症状

防治方法 ①创建蔬菜标准园，实行工厂化育苗、标准化育苗。②掌握好用药时机，单一使用，目标准确，切忌随意增加或减少浓度。幼苗1～3叶期，喷施1次40%乙烯利水剂800～1000倍液，可促进甜瓜两性花形成，提高产量；甜瓜开花期使用5%萘乙酸水剂3000～5000倍液喷花可促进坐果，防止落花；甜瓜在生长期、花蕾期喷洒0.7%复硝酚钠水剂2000～2500倍液，具调节生长、防止落花落果的作用；甜瓜在开花当天或前1天用0.1%氯吡脲可溶液剂50～100倍液涂抹瓜柄或瓜胎，具防止化瓜、提高坐果率增产的作用；用0.01%芸薹素内酯乳油2000～3000倍液苗期喷1次可促进花芽分化，增加雌花比例。③喷洒氯吡脲的甜瓜采收安全期为14天。④提倡采用熊蜂授粉，把蜂箱放在距地面50cm高的凉爽处，熊蜂授粉时

常在花瓣上留下印记，在甜瓜盛花期，每667m²放30～35只熊蜂可使用2个月，提高坐果率增产。

薄皮甜瓜、厚皮甜瓜杀菌剂药害

症状 甜瓜对杀菌剂敏感，药害症状常因杀菌剂种类不同产生的斑点或枯斑差异较大。有药剂过量产生灼伤或多种杀菌剂混配造成叶片变厚、变脆、叶缘微卷，或过量熏烟产生枯干叶，甜瓜果面有暗绿浅黑色、大小不一的斑块。

甜瓜杀菌剂药害

病因 一是高温时用药，药液中水分蒸发速度快，药液浓度随之发生变化，容易造成药害。二是用药浓度过大或喷洒药液过多都会发生药害。三是甜瓜膨瓜后对铜制剂敏感，易产生药害。

防治方法 ①科学用药，对症施药，严格按规定浓度及用药量配药。②科学混配，可扬长避短，起到增效和兼治作用。商品混配药都是经过试验科学选配比例经农药管

理部门登记合格后上市的。我们自己如无经验一般不要自配自用，比如酸性杀菌剂和碱性杀菌剂混在一起，酸碱一中和，就不一定是这两种杀菌剂了，一是可能增效了，二是也有可能变成毒品，三是可能什么都不是了，因此不能去冒这个险。混用农药一般不超过3种，否则会变得更加复杂。③喷药时要细心、周到，雾滴要小，防止局部药量过多，避免在中午高温时用药。甜瓜苗期用药剂量更加严格。采用机械化喷药需要严格计算药量和行进速度与着药量的相关性。购买农药要选大厂名牌产品，不要贪图便宜，一定要无公害。④药害救治。受害轻的及时中耕松土，施入适量氮肥，及时浇水，促瓜株恢复生长。受害重的要马上灌水增施磷钾肥，中耕松土，促进根系发育，增强恢复能力，还可在甜瓜生长期、花期喷施1%萘乙酸水剂500～1000倍液或0.7%复硝酚钠水剂2000～2500倍液或0.004%芸薹素内酯水剂1000～1500倍液或细胞分裂素600倍液加1.8%复硝酚钠6000倍液。

薄皮甜瓜、厚皮甜瓜烟害

症状 常因烟剂种类不同症状略有不同。多表现全株症状。以幼嫩部位和靠近烟源的植株受害重。在田间扩展很快，有的在施放烟剂后几个小时就可显症；轻的叶缘褪绿变黄，以后变褐，叶片向下或向上卷曲。重者叶片变褐焦枯，或沿叶缘向里出现不规则褪绿斑块，皱缩畸形，或嫩梢僵硬扭曲。

甜瓜烟熏剂药害

病因 烟剂使用方法不当造成烟雾笼罩，一些有机物在燃烧时释放出有毒或有害气体。

防治方法 注意按使用说明书操作，熏烟时间不宜超过8h，及时通风换气。不要随意加大用药量。放烟时间以夜间12时开始，放到早上8时即可。敏感的甜瓜品种改用粉尘法，如5%百菌清粉尘剂每次每$667m^2$用1kg、20%灭蚜烟雾剂每次每$667m^2$用400～500g、10%氰戊菊酯烟剂每次每$667m^2$用500g，不能超量。

三、西瓜、甜瓜虫害

美洲斑潜蝇

病源 *Liriomyza sativae*（Bla-nchard），属双翅目潜蝇科。异名 *L. pullata* Frick、*L.munda* Frick、*L. canomarginis* Frick、*L. guytona* Freeman 等。俗称蔬菜斑潜蝇、蛇形斑潜蝇、甘蓝斑潜蝇等。美洲斑潜蝇原分布在巴西、加拿大、美国、墨西哥、古巴、巴拿马、智利等 30 多个国家。我国 1994 年在海南首次发现后，现已扩散到广东、广西、云南、四川、山东、北京、天津等地，菜田发生面积 2000 多万亩。

寄主 黄瓜、番茄、茄子、辣椒、豇豆、蚕豆、大豆、菜豆、芹菜、甜瓜、西瓜、冬瓜、丝瓜、西葫芦、小西葫芦等 22 科 110 多种植物。

为害特点 成虫、幼虫均可为害，雌成虫飞翔把植物叶片刺伤，进行取食和产卵，幼虫潜入叶片和叶柄为害，产生不规则蛇形白色虫道，叶绿素被破坏，影响光合作用。受害重的叶片脱落，造成花芽、果实被灼伤，严重的造成毁苗。美洲斑潜蝇发生初期，虫道呈不规则线状伸展，虫道终端常明显变宽。

为害严重的叶片迅速干枯。受害田块受蛀率 30%～100%，减产 30%～40%，严重的绝收。

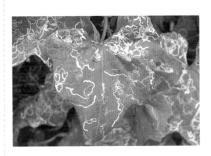

美洲斑潜蝇幼虫蛀害丝瓜叶片状

美洲斑潜蝇幼虫和成虫

美洲斑潜蝇成虫放大（石宝才）

生活习性 成虫以产卵器刺伤叶片，吸食汁液。雌虫把卵产在部分伤孔表皮下，卵经 2～5 天孵化，幼虫期4～7天。末龄幼虫咬破叶表皮在叶外或土表下化蛹，蛹经7～14天羽化为成虫。每世代夏季2～4周，冬季6～8周。美洲斑潜蝇等在我国南部周年发生，无越冬现象。世代短，繁殖能力强。

防治方法 美洲斑潜蝇抗药性发展迅速，具有抗性水平高的特点，给防治带来很大困难，因此已引起各地重视。①严格检疫，防止该虫扩大蔓延。北运菜发现有斑潜蝇幼虫、卵或蛹时，要就地销售，防止把该虫运到北方。②各地要重点调查，严禁从疫区引进蔬菜和花卉，以防传入。③农业防治。在斑潜蝇为害重的地区，要考虑蔬菜布局，把斑潜蝇嗜好的瓜类、茄果类、豆类与其不为害的作物进行套种或轮作；适当疏植，增加田间通透性；收获后及时清洁田园，把被斑潜蝇为害作物的残体集中深埋、沤肥或烧毁。④棚室保护地和育苗畦提倡用蔬菜防虫网，能防止斑潜蝇进入棚室中为害、繁殖。提倡全生育期覆盖，覆盖前清除棚中残虫，防虫网四周用土压实，防止该虫潜入棚中产卵。可选20～25目（每平方英寸面积内的孔数），丝径0.18mm、幅宽12～36m，白色、黑色或银灰色的防虫网，可有效防止该虫为害。此外，还可防治菜青虫、小菜蛾、甘蓝夜蛾、甜菜夜蛾、斜纹夜蛾、棉铃虫、豆野螟、瓜绢螟、黄曲条跳甲、猿叶虫、二十八星瓢虫、蚜虫等

多种害虫。为节省投入，北方于冬春两季，南方于6～8月，也可在棚室保护地入口和通风口处安装防虫网，阻挡多种害虫侵入，有效且易推广。⑤防虫网中存有残虫的，可采用灭蝇纸诱杀成虫。在成虫始盛期至盛末期，每667m^{2}设置15个诱杀点，每个点放置1张诱蝇纸诱杀成虫，3～4天更换1次。也可用黄板诱杀。⑥生物防治：a.释放潜蝇姬小蜂，平均寄生率可达78.8%。b.喷洒0.5%楝素杀虫乳油（川楝素）800倍液、6%绿浪（烟百素）900倍液。⑦没有使用防虫网的，适期进行科学用药。该虫卵期短，大龄幼虫抗药力强，生产上要在成虫高峰期至卵孵化盛期或低龄幼虫高峰期。瓜类、茄果类、豆类蔬菜某叶片有幼虫5头、幼虫2龄前、虫道很小时，于8～12时，首选三嗪胺类生长调节剂——50%灭蝇胺可湿性粉剂1800倍液，持效期10～15天或20%阿维·杀单微乳剂1000倍液、10%溴虫腈悬浮剂1000倍液、1.8%阿维菌素乳油1800倍液、40%阿维·敌畏乳油1000倍液、1%苦参碱2号可溶液剂1200倍液、0.9%阿维·印楝素乳油1200倍液、3.3%阿维·联苯菊乳油1300倍液、70%吡虫啉水分散粒剂8000倍液、25%噻虫嗪水分散粒剂1800倍液，斑潜蝇发生量大时，定植时可用噻虫嗪2000倍液灌根，更有利于对斑潜蝇的控制。

南美斑潜蝇（拉美斑潜蝇）

病源 *Liriomyza huidobrensis* (Blanchard)，双翅目潜蝇科。别名斑潜蝇。分布于北半球温带地区等，近年已蔓延到欧洲和亚洲。1994年随引进花卉该虫进入云南昆明，从花卉圃场蔓延至农田。现在云南、贵州、四川、青海、山东、河北、北京等地已有为害蚕豆、豌豆、小麦、大麦、芹菜、烟草、花卉等的报道。

寄主 黄瓜、蚕豆、马铃薯、小麦、大麦、豌豆、油菜、芹菜、菠菜、生菜、菊花、鸡冠花、香石竹等及药用植物和烟草等19科84种植物。

为害特点 成虫用产卵器把卵产在叶中，孵化后的幼虫在叶片的上、下表皮之间潜食叶肉，嗜食中肋、叶脉，食叶成透明空斑，造成幼苗枯死，破坏性极大。该虫幼虫常沿叶脉形成潜道，幼虫还取食叶片下层的海绵组织，从叶面看潜道常不完整，有别于美洲斑潜蝇。

南美斑潜蝇幼虫蛀害黄瓜叶片

南美斑潜蝇成虫放大（石宝才）

南美斑潜蝇幼虫和蛹

生活习性 该虫在云南发生的代数不详。据国外报道，此虫生活适温为22℃，在云南滇中地区全年有两个发生高峰，即3～4月和10～11月，此间均温11～16℃，最高不超过20℃，利于该虫发生。5月气温升至30℃以上时，虫口密度下降。6～8月雨季虫量较低，12月至翌年1月月均温7.5～8℃，最低温为1.4～2.6℃，该虫也能活动为害。滇北元谋一带年平均气温27.8℃，11月至翌年3月上、中旬，此间均温17.6～21.8℃，最高气温低于30℃，利其发生。3月中、下旬气温升至35℃以上时，虫量迅速下降。4月后进入炎夏高温多雨季节，田间虫量很少，直至9月气温降低，虫量逐渐回升。此外，还与栽培作物情况有关。云南中部蚕豆老熟期，成虫大量转移到瓜菜及马铃薯等作物上。南美斑潜蝇在北京3月中旬开始发生，6月中旬以前数量不多，以后虫口逐渐上升，7月1日至7日达到最高虫量，每卡诱到244.5头，后又下降，7月28日～11月10日，虫口数量不高。该虫主要发生在6月中、下旬至7月中旬，占斑潜蝇总量的60%～90%，是这一时期田间潜叶蝇的优势种。该虫目前仅在少数地区发现，但却是我国危险性更大的潜叶蝇，应引起足够的重视。其天敌有 *Diglyphus isaea*（Walker）、*Pediobius mitsukurii*（Ashmead）、*Opius* sp. 等。

防治方法 ①严格检疫，防止该虫继续扩大蔓延。②控制虫源。③其他方法参见美洲斑潜蝇。

瓜蚜

病源 *Aphis gossypii* Glover，同翅目蚜科。别名棉蚜。除西藏未见报道外，全国各地均有发生。

寄主 黄瓜、南瓜、西葫芦、西瓜、豆类、菜用玉米、茄子、菠菜、葱、洋葱等蔬菜及棉、玉米、烟草、黄秋葵、甜瓜、哈密瓜、食用仙人掌、菜用番木瓜、甜菜等农作物。

瓜蚜（棉蚜）为害黄瓜叶片状

瓜蚜无翅蚜放大

瓜蚜无翅蚜和有翅蚜放大

为害特点 以成虫及若虫在叶背和嫩茎上吸食作物汁液。瓜苗嫩叶及生长点被害后，叶片卷缩，瓜苗萎蔫，甚至枯死。老叶受害，提前枯落，缩短结瓜期，造成减产。

形态特征 无翅胎生雌蚜体长1.5～1.9mm，夏季黄绿色，春、秋季墨绿色。触角第 3 节无感觉圈，第 5 节有 1 个，第 6 节膨大部有 3～4 个。体表被薄蜡粉。尾片两侧各具毛 3 根。

生活习性 华北地区年发生 10 余代，长江流域 20～30 代，以卵在越冬寄主上或以成蚜、若蚜在温室内蔬菜上越冬或继续繁殖。春季气温达 6℃以上开始活动，在越冬寄主上繁殖 2～3 代后，于 4 月底产生有翅蚜迁飞到露地蔬菜上繁殖为害，直至秋末冬初又产生有翅蚜迁入保护地，可产生雄蚜与雌蚜交配产卵越冬。春、秋季 10 余天完成 1 代，夏季 4～5 天 1 代，每雌可产若蚜 60 余头。繁殖适温为 16～20℃，北方超过 25℃、南方超过 27℃、相对湿度达 75%以上，不利于瓜蚜繁殖。北方露地以 6～7 月中旬虫口密度最大，为害最重。7 月中旬以后，因高温、高湿和降雨冲刷，不利于瓜蚜的生长发育，为害程度也减轻。通常，窝风地受害重于通风地。

防治方法 ①保护地提倡采用 24～30 目、丝径 0.18mm 的银灰色防虫网，防治瓜蚜，兼治瓜绢螟、白粉虱等其他害虫，方法参见美洲斑潜蝇。②采用黄板诱杀。用一种不干胶或机油，涂在黄色塑料板上，粘住蚜虫、白粉虱、斑潜蝇等，可减轻受害。③生物防治。a. 人工饲养七星瓢虫，于瓜蚜发生初期，每 667m² 释放 1500 头于瓜株上，控制蚜量上升。b. 于瓜蚜点片发生时，喷洒 1%苦参碱 2 号可溶液剂 1200 倍液、

0.3%苦参碱杀虫剂纳米技术改进型 2200 倍液、99.1%敌死虫乳油 300 倍液、0.5%印楝素乳油 800 倍液。④药剂防治。可喷洒 50%氟啶虫胺腈水分散粒剂 1g/667m²（持效 14 天）、22.4%螺虫乙酯悬浮剂 3000 倍液（持效 30 天）、5%啶虫脒乳油 2500 倍液、15%唑虫酰胺乳油 600～1000 倍液、50%丁醚脲悬浮剂或可湿性粉剂 1000～1500 倍液、10%烯啶虫胺水剂或可溶液剂 2000～3000 倍液、25%吡蚜酮悬浮剂 2000～2500 倍液、50%吡蚜酮水分散粒剂 4500 倍液。抗蚜威对菜蚜（桃蚜、萝卜蚜、甘蓝蚜）防效好，但对瓜蚜效果差。保护地可选用 15%异丙威杀蚜烟剂，每 667m² 用 550g，每 60m² 放 1 燃放点，用明火点燃，6h 后通风，效果好。也可选用灭蚜粉尘剂，每 667m² 用 1kg，用手摇喷粉器喷撒在瓜株上空，不要喷在瓜叶上。生产上蚜虫发生量大时，可在定植前 2～3 天喷洒幼苗，同时将药液渗入土壤中。要求每平方米喷淋药液 2L，也可直接向土中浇灌根部，控制蚜虫、粉虱，持效期为 20～30 天。

温室白粉虱

病源 *Trialeurodes vaporariorum* (Westwood)，同翅目粉虱科。俗称小白蛾子。异名 *Aleurodes vaporariorum*。该虫 1975 年始于北京，现几乎遍布全国。

温室白粉虱成虫放大

寄主 黄瓜、菜豆、茄子、番茄、青椒、甘蓝、甜瓜、西瓜、花椰菜、白菜、油菜、萝卜、莴苣、魔芋、芹菜等各种蔬菜及花卉、农作物等200余种。

为害特点 成虫和若虫吸食植物汁液，被害叶片褪绿、变黄、萎蔫，甚至全株枯死。此外，由于其繁殖力强，繁殖速度快，种群数量庞大，群聚为害，并分泌大量蜜液，严重污染叶片和果实，往往引起煤污病的大发生，使蔬菜失去商品价值。除严重危害番茄、青椒、茄子、马铃薯等茄科作物外，也是严重危害黄瓜、菜豆的害虫。

生活习性 在北方，温室年发生10余代，冬季在室外不能存活，因此是以各虫态在温室越冬并继续为害。成虫羽化后1～3天可交配产卵，平均每雌产142.5粒。也可进行孤雌生殖，其后代为雄性。成虫有趋嫩性，在寄主植物打顶以前，成虫总是随着植株的生长不断追逐顶部嫩叶产卵，因此白粉虱在作物上自上而下的分布是新产的绿卵、变黑的卵、初龄若虫、老龄若虫、伪蛹、新羽化成

虫。白粉虱卵以卵柄从气孔插入叶片组织中，与寄主植物保持水分平衡，极不易脱落。若虫孵化后3天内在叶背可做短距离游走，当口器插入叶组织后就失去了爬行机能，开始营固着生活。粉虱发育历期，18℃时31.5天，24℃时24.7天，27℃时22.8天。各虫态发育历期，在24℃时，卵期7天，1龄5天，2龄2天，3龄3天，伪蛹8天。白粉虱繁殖适温为18～21℃，在生产温室条件下，约1个月完成1代。冬季温室作物上的白粉虱，是露地春季蔬菜上的虫源，通过温室开窗通风或菜苗向露地移植而使粉虱迁入露地。因此，白粉虱的蔓延，人为因素起着重要作用。白粉虱的种群数量，由春至秋持续发展，夏季高温多雨抑制作用不明显，到秋季其数量达高峰，集中为害瓜类、豆类和茄果类蔬菜。在北方，由于温室和露地蔬菜生产紧密衔接和相互交替，可使白粉虱周年发生。

防治方法 对白粉虱的防治，应以农业防治为主，加强蔬菜作物的栽培管理，培育"无虫苗"，积极开展生物防治和物理防治，辅以合理使用化学农药。①农业防治：a.提倡温室第一茬种植白粉虱不喜食的芹菜、蒜黄等较耐低温的作物，而减少黄瓜、番茄的种植面积。b.培育"无虫苗"，把苗房和生产温室分开，育苗前彻底熏杀残余虫口，清理杂草和残株，并在通风口及门口安装防虫网，控制外来虫源。c.避免黄瓜、番茄、菜豆混栽。d.温室、大棚附近避

免栽植黄瓜、番茄、茄子、菜豆等白粉虱发生严重的蔬菜。提倡种植白粉虱不喜食的十字花科蔬菜，以减少虫源。②生物防治。可人工繁殖释放丽蚜小蜂（又名粉虱匀鞭蚜小蜂，*Encarsia formosa*）。在温室第二茬番茄上，当粉虱成虫在 0.5 头 / 株以下时，每隔 2 周放 1 次，共 3 次。释放丽蚜小蜂成蜂至 15 头 / 株，寄生蜂可在温室内建立种群并能有效地控制白粉虱为害。③物理防治。白粉虱对黄色敏感，有强烈趋性，可在温室内设置黄板诱杀成虫。方法是利用废旧的纤维板或硬纸板，裁成 1m×0.2m 长条，用油漆涂成橙皮黄色，再涂上一层黏油（可使用 10 号机油加少许黄油调匀），每 667m² 设置 32 ～ 34 块，置于行间可与植株高度相同。当白粉虱粘满板面时，需及时重涂黏油，一般可 7 ～ 10 天重涂 1 次。要防止油滴在作物上造成烧伤。黄板诱杀与释放丽蚜小蜂可协调运用，并配合生产"无虫苗"，作为综合治理的几项主要内容。此外，由于白粉虱繁殖迅速易于传播，在一个地区范围内的生产单位应注意联防联治，以提高总体防治效果。④药剂防治。由于粉虱世代重叠，在同一时间、同一作物上存在各虫态，而当前药剂没有对所有虫态皆有效的种类，所以采用化学防治法，必须连续几次用药。可选用的药剂和浓度如下。a.25% 噻嗪酮乳油 1000 倍液，对白粉虱若虫特效。b.25% 灭螨猛（甲基克杀螨）乳油 1000 倍液，对白粉虱成虫、卵和若

虫皆有效。c.99.1% 敌死虫乳油 300 倍液、25% 噻虫嗪水分散粒剂 1800 倍液、20% 吡虫啉浓可溶剂 2800 倍液。d.2.5% 联苯菊酯乳油 900 倍液，可杀成虫、若虫、假蛹，对卵的效果不明显。e.22% 螺虫乙酯・噻虫啉悬浮剂 40ml/667m²，持效 21 天，或 40% 啶虫脒水分散粒剂 6000 倍液、1.8% 阿维菌素乳油 1800 倍液。对上述药剂产生抗药性的，可选用 0.3% 苦参碱杀虫剂纳米技术改进型 2200 倍液，或与联苯菊酯、噻嗪酮、吡虫啉混用防治抗性白粉虱，有较好效果。

吡虫啉是一种正温度效应杀虫剂，气温高于 25℃时可用吡虫啉，一天中也应在中午温度较高时施药，可提高其杀虫活性。气温低于 25℃时，可选用拟除虫菊酯类或温度效应不明显的杀虫剂。生产上白粉虱、烟粉虱为害严重时，可在蔬菜定植时浇灌 10% 烯啶虫胺水剂 2000 ～ 3000 倍液或 25% 噻虫嗪 4000 倍液，可控制 20 ～ 30 天。

烟粉虱和 B 型烟粉虱、Q 型烟粉虱

病源 烟粉虱［*Bemisia tabaci*（Gennadius）］出现了 B 型烟粉虱和 Q 型烟粉虱。在北京、河北一带，现在 Q 型烟粉虱已全部取代了 B 型烟粉虱。海南出现了螺旋粉虱（*Aleurodicus dispersus* Russell）。

烟粉虱的伪蛹

烟粉虱成虫（焦小国）

B型烟粉虱引起的南瓜银叶病

采用绿色防控技术用黄板诱杀粉虱和蚜虫

寄主 葫芦科、十字花科、豆科、茄科、锦葵科等10多科及番茄、番薯、木薯、柑橘、梨、橄榄、棉花、烟草等50多种植物。B型烟粉虱寄主更多，为害更重。

为害特点 成虫、若虫刺吸植物汁液，受害叶褪绿萎蔫或枯死。近年该虫危害呈上升趋势，有些地区与B型烟粉虱及白粉虱混合发生，混合为害更加猖獗。除刺吸寄主汁液外，造成植株瘦弱矮小，若虫和成虫还分泌蜜露，诱发煤污病，严重时叶片呈黑色。B型烟粉虱的若虫分泌的唾液能造成西葫芦、南瓜等葫芦科植物和番茄、绿菜花等的生理功能紊乱，产生银叶病或白茎。2004年北京、郑州，2005年浙江先后发现了Q型烟粉虱，为害甜辣椒，引起煤污病。

生活习性 亚热带年产生10～12个重叠世代，几乎月月出现1次种群高峰，每代15～40天。夏季卵期3天，冬季33天。若虫3龄，9～84天，伪蛹2～8天。成虫产卵期2～18天，每雌产卵120粒左右，卵多产在植株中部嫩叶上。成虫喜欢无风温暖天气，有趋黄性。气温低于12℃停止发育，14.5℃开始产卵。气温达21～33℃时，随气温升高，产卵量增加，高于40℃成虫死亡。相对湿度低于60%成虫停止产卵或死去。暴风雨能抑制其大发生，非灌溉区或浇水次数少的作物受害重。

防治方法 综合防治，加强植物检疫，切断初次侵染虫源。如培育"无虫"幼苗，清除残株杂草，挂黄板诱杀，释放寄生蜂等措施，都有一定的防治效果。实践证明，科学合理地施用农药仍是目前生产上重要的防治手段。

根据烟粉虱发生特点，采取"抓两头，控中间，治上代、压下代"的防治策略。①狠抓当年越冬前第10代成虫和来年越冬代羽化成虫的防治，以减少烟粉虱的虫口基数。②重点防治全年繁殖速度较快的第5～8代，以压制其种群的连续扩展。③释放天敌昆虫，保护地在烟粉虱、B型烟粉虱和Q型烟粉虱初发期，按粉虱与丽蚜小蜂1：（2～4）的比例，隔7～10天释放1次，连续放蜂3次，可基本控制烟粉虱和B型烟粉虱的危害。④生产上在粉虱危害初期或虫量快速增长时喷洒65%噻嗪酮可湿性粉剂2500～3000倍液、24%螺虫乙酯悬浮剂2000倍液、40%啶虫脒水分散粒剂6000倍液、22%螺虫乙酯·噻虫啉悬浮剂40ml/667m²（持效21天）、1.8%阿维菌素乳油2000倍液、10%烯啶虫胺水剂或可溶液剂2000～2500倍液、50%吡蚜酮水分散粒剂4500倍液、5%氯虫苯甲酰胺悬浮剂1000倍液、25%噻虫嗪水分散粒剂5000倍液（灌根时用2000～3000倍液）、70%吡虫啉水分散粒剂5000倍液，对烟粉虱、Q型烟粉虱防效优异。温度高时可喷洒15%唑虫酰胺乳油1000～1500倍液。对烟粉虱若虫防效90%以上的杀虫剂有70%吡虫啉5000倍液、0.3%苦参碱1000倍液、10.8%吡丙醚1000倍液+20%啶虫脒5000倍液、10%吡丙

醚1000倍液、33%吡虫啉·高效氯氟氰菊酯微粒剂（2.31～2.64g/667m²）。单用4.5%高效氯氰菊酯乳油防效仅为19.9%，说明抗药性很高，不能用于防治烟粉虱了。

黄足黄守瓜

病源 *Aulacophora femoralis chinensis* Weise，鞘翅目叶甲科。别名黄守瓜黄足亚种、瓜守、黄虫、黄萤。分布于东北、华北、华东、华南、西南等。

黄足黄守瓜成虫放大

黄足黄守瓜幼虫为害瓜株根部
（司升云）

寄主 已知19科69种以上，但以葫芦科为主，如黄瓜、南瓜、丝瓜、苦瓜、西瓜、甜瓜等，也可食害

十字花科、茄科、豆科等蔬菜。

为害特点　成虫取食瓜苗的叶和嫩茎，常常引起死苗，也为害花及幼瓜。幼虫在土中咬食瓜根，导致瓜苗整株枯死，还可蛀入接近地表的瓜内为害。防治不及时，可造成减产。

生活习性　华北年发生1代，华南3代，台湾3～4代，以成虫在地面杂草丛中群集越冬。翌春气温达10℃时开始活动，以中午前后活动最盛，自5月中旬至8月皆可产卵，以6月最盛，每雌可产卵4～7次，每次平均约30粒，产于潮湿的表土内。此虫喜温湿，湿度愈高产卵愈多，每在降雨之后即大量产卵。相对湿度在75%以下卵不能孵化，卵发育历期10～14天，孵化出的幼虫即可为害细根，3龄以后食害主根，致使作物整株枯死。幼虫在土中活动的深度为6～10cm，幼虫发育历期19～38天。前蛹期约4天，蛹期12～22天。1年1代区的成虫于7月下旬至8月下旬羽化，再为害瓜叶、花或其他作物，此时瓜叶茂盛，多不引起注意，秋季以成虫进入越冬。

防治方法　①苗期防黄守瓜保苗。在西瓜、甜瓜7片真叶以前，采用网罩法罩住瓜类幼苗，待瓜苗长大后撤掉网罩。②撒草木灰法。对幼小瓜苗在早上露水未干时，把草木灰撒在瓜苗上，能驱避黄守瓜成虫。③人工捕捉。于4月瓜苗小时于清晨露水未干成虫不活跃时捕捉，也可在白天用捕虫网捕捉。④药驱法。把缠有纱布或棉球的木

棍或竹棍蘸上稀释的农药，纱布棉球朝天插在瓜苗旁，高度与瓜苗一致，农药可用2.5%高效氯氟氰菊酯微乳剂50倍液，驱虫效果好。⑤进入5月中、下旬瓜苗已长大，这时黄守瓜成虫开始在瓜株四周往根上产卵，于早上露水未干时在瓜株根际土面上铺一层草木灰或烟草粉、黑籽南瓜枝叶、艾蒿枝叶等，能驱避黄守瓜前来产卵，可减少对瓜类危害。⑥进入6～7月经常检查根部，发现有黄守瓜幼虫时，地上部萎蔫，或黄守瓜幼虫已钻入根内时，马上往根际喷淋或浇灌5%氯虫苯甲酰胺悬浮剂1500倍液、24%氰氟虫腙悬浮剂900倍液、10%虫螨腈悬浮剂1200倍液、30%氯虫•噻虫嗪悬浮剂6.6g/667m²，也可用1%联苯•噻虫胺（家保福）颗粒剂3～4kg/667m²，穴施、交替使用，效果好。

黄足黑守瓜

病源　*Aulacophora lewisii* Baly，鞘翅目叶甲科。别名柳氏黑守瓜、黄胫黑守瓜。异名 *Aulacophora cattigarensis* Weise。分布于黄河以南至海南。

寄主　瓜类蔬菜。

为害特点　成虫食害瓜苗叶和嫩茎，幼虫食害苗根，造成死苗，导致减产。

生活习性　成虫昼间交尾，产卵于土面缝隙中，聚成小堆。幼虫食害瓜类根部，老熟时建成土室，在其

黄足黑守瓜成虫放大

黄足黑守瓜幼虫形态（司升云）

中化蛹。本种比黄守瓜发生迟，为害作物的种类较少，以丝瓜、苦瓜受害较烈，一些年份发生严重。

防治方法 参见黄足黄守瓜。

黑足黑守瓜

病源 *Aulacophora nigripennis*（Motschulsky），鞘翅目叶甲科。异名 *Ceratia nigripennis* Motschulsky。别名黑胫黑守瓜。分布在陕西、甘肃等地。

寄主 苦瓜、丝瓜、黄瓜、南瓜、冬瓜、罗汉果等。

为害特点 成虫取食瓜叶、茎、花及瓜条，幼虫食害瓜苗根部，严重时造成全株死亡。

生活习性 成虫白天交尾，产卵在土面缝隙中，幼虫为害根部。黑足黑守瓜越冬成虫一般出现较晚，喜在丝瓜、苦瓜上活动，其生活习性与黄守瓜相似。

黑足黑守瓜成虫

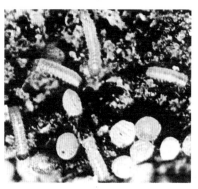

黑足黑守瓜初孵幼虫和卵

防治方法 ①提早播种，当越冬代成虫发生量大时，瓜苗已长出5片真叶以上，可减轻受害和着卵。这是防治的关键技术之一。②在成虫产卵期单用或混用草木灰、石灰粉、锯末或2%巴丹粉剂，每667m² 用2kg，撒在瓜根附近土面或瓜叶上，防止成虫产卵和为害。③瓜苗移栽前后至 5 片真叶前及时喷洒 5% 天然除虫菊素乳油 1000 倍液或 240g/L 氰氟虫腙悬浮剂 700 倍液或 40% 啶虫脒水分散粒剂 3500 倍液，7～10 天 1 次，防治 2 次。④防治幼虫为害根部可用 50% 辛硫磷乳油 1500 倍液灌根。黄瓜对辛硫磷敏感，应严格掌握使用浓度，使用辛硫磷的采收前 3 天停止用药。生产 A 级绿色食品蔬菜，每个生长季节，每种农药只限使用 1 次（后同）。

瓜褐蝽

病源 *Aspongopus chinensis* Dallas，半翅目蝽科。异名 *Coridius chinensis*（Dallas）。别名九香虫、黑兜虫、臭屁虫。分布在河南、江苏、广东、广西、浙江、福建、四川、贵州、台湾。

寄主 节瓜、冬瓜、南瓜、丝瓜，亦为害豆类、茄、桑、玉米、柑橘等。

为害特点 小群成虫、若虫栖集在瓜藤上吸食汁液，造成瓜藤枯黄、凋萎，对植株生长发育影响很大。

生活习性 该虫在河南信阳以南、江西以北年生 1 代，广东、广西 3 代。以成虫在土块、石块下或杂草、枯枝落叶下越冬。发生 1 代的地区 4 月下旬至 5 月中旬开始活动，随之迁飞到瓜类幼苗上为害，尤以5～6 月间危害最盛。6 月中至 8 月上旬产卵，卵串产于瓜叶背面，每雌

瓜褐蝽成虫为害瓜蔓

产卵 50～100 粒。6 月底至 8 月中旬幼虫孵化，8 月中旬至 10 月上旬羽化，10 月下旬越冬。发生 3 代的地区，3 月底越冬成虫开始活动。第 1 代多在 5～6 月间，第 2 代 7～9 月间，第 3 代多发生在 9 月底，11 月成虫越冬。成虫、若虫常几头或几十头集中在瓜藤基部、卷须、腋芽和叶柄上为害，初龄若虫喜欢在蔓裂处取食为害。成虫、若虫白天活动，遇惊坠地，有假死性。

防治方法 ①利用瓜褐蝽喜闻尿味的习性，于傍晚把用尿浸泡过的稻草，插在瓜地里，每 667m² 插 6～7 束，成虫闻到尿味就会集中在草把上，翌晨集中草把深埋或烧毁。②必要时喷洒 22% 氰氟虫腙悬浮剂 500～700 倍液、40% 啶虫脒水分散粒剂 3000～4000 倍液、20% 虫酰肼悬浮剂 8000 倍液、3% 甲氨基阿维菌素苯甲酸盐微乳剂 2500～3000 倍液，7～10 天 1 次，防治 2 次。

细角瓜蝽

病源 *megymenum gracillicorne* Dallas，半翅目蝽科。别名锯齿蝽。

寄主 南瓜、黄瓜、苦瓜、豆类、刺槐。

为害特点 受害瓜蔓初现黄褐色小点，卷须枯死，叶片黄化；严重的环蔓变褐，提前枯死。

细角瓜蝽成虫正在交尾

细角瓜蝽若虫

生活习性 江西、河南年生1代，广东3代，以成虫在枯枝丛中、草屋的杉皮下、石块、土缝等处越冬。翌年5月，越冬成虫开始活动，6月初至7月下旬产卵，6月中旬至8月上旬孵化，7月中旬末至9月下旬羽化，进入10月中、下旬陆续蛰伏越冬。成虫、若虫性喜荫蔽，白天光强时常躲在枯黄的卷叶里，近地面的瓜蔓下及蔓的分枝处，多在寄主兜

部至3m高处的瓜蔓、卷须基部、腋芽处为害，低龄若虫有群集性，喜栖息在茎蔓内，成虫把卵产在蔓基下、卷须上，个别产在叶背，多成单行排列，个别成2行，每雌产卵24～32粒，一般26粒。卵期8天，若虫期50～55天，成虫寿命10～20天。

防治方法 ①利用椿象的群集性和假死性，振落地上，集中杀灭。②人工摘除卵块。③喷洒40%啶虫脒水分散粒剂3500倍液。

显尾瓜实蝇

病源 *Dacus caudatus* Fabricius，双翅目实蝇科。别名胡瓜实蝇、显纹瓜实蝇、瓜蜂，幼虫称瓜蛆。

寄主 苦瓜、节瓜、黄瓜、西瓜、南瓜等。

为害特点 幼虫钻进瓜内取食，受害瓜初局部变黄，后全瓜腐烂变臭。为害轻的刺伤处流胶，畸形下陷，俗称"歪嘴""缩骨"，造成品质下降。

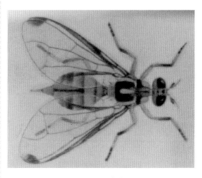

显尾瓜实蝇成虫放大

生活习性　年约发生 8 代，以末龄幼虫和蛹在表土中越冬，翌年气温升高后羽化为成虫，早晨或晚上交配，成虫把卵产在瓜的表皮内，被产卵处略凹陷，着卵瓜发育不良或产生畸形，初孵幼虫钻入瓜内取食，有的从伤口处流出汁液或果实腐烂，幼瓜受害容易脱落，幼虫善跳，末龄幼虫跳至地表入土后化蛹。该虫喜欢食甜食，寿命长达数月。天敌有 *Opius fletcheri* 等。

防治方法　①在成虫发生期用糖 1 份、10% 多来宝胶悬剂 1 份，加适量水后制成毒饵，滴在厚吸水纸上，挂在瓜田或瓜棚架杆上，诱杀成虫。每 667m² 设 20 个点，每周更换 1 次。也可用克蝇溶液诱杀。②摘除受害果，减少幼虫食饵，销毁受害瓜，注意田间卫生，收获后及时拔除残株，集中深埋或烧毁，以减少下一季或翌年虫源。在瓜实蝇危害重的地区，不种或拔除非经济性寄主植物。③用加保扶颗粒剂处理土壤，杀死土中幼虫。④饲养释放不妊虫（γ 放射线处理），使其与田间雌蝇交配，产生不能孵化的卵。也可利用实蝇成虫对颜色及光波长的反应，采用黄板诱集，使用银灰膜也有忌避作用。⑤必要时采用套袋法，防止侵入。⑥成蝇盛发时，喷洒 50% 灭蝇胺可湿性粉剂 1500 ～ 2000 倍液、2.5% 溴氰菊酯乳油 1000 倍液，每 667m² 用对好的药液 60 ～ 70L。使用溴氰菊酯的采收前 3 天停止用药。⑦用猎蝇 0.02% 饵剂，每 667m² 用 100ml，喷在瓜株 1 ～ 1.5m 处叶背面，药点间距 3 ～ 5m，施药间隔时间 7 天，喷药后 1 ～ 2 天遇雨要补喷。

苹斑芫菁

病源　*mylabris calida* Pallas，鞘翅目芫菁科。分布在黑龙江、内蒙古、新疆、河北、山东、江苏、湖北、河南、青海等地。

寄主　瓜类、苹果、沙果等。

为害特点　成虫为害瓜类蔬菜、果树的叶片，呈缺刻或孔洞；幼虫捕食蝗卵。

苹斑芫菁成虫栖息在甜瓜花上

生活习性　北方年生 1 代，南方 2 代。以前蛹期在土中越冬，北方翌年 5 月中旬羽化，7 月中旬为盛发期。成虫有二次交尾现象，交尾后 1 周产卵于杂草、地表 10cm 之间，先挖土，产后埋土，每只雌虫 1 次能产卵 120 粒左右，无遗卵，多于 10 时和 17 时产卵，每产 1 次卵约半小时，产卵不规则，卵期平均 25 天，卵多在 7 ～ 8 时和 17 ～ 18 时孵化。成虫产卵后，群居性很强，一般几十只到上百只，并远距离飞翔为害。成虫喜在 9 时和 16 时活动和交尾，中午炎热静伏不动，温度 25℃时活动最盛。9 月下旬停止活动。寿命 96 天。成虫有假死性，无趋光、趋化现象。幼虫共 6 龄，每龄期平均 15 天左右，1～2 龄活动迅速，3～4 龄多在黑暗中活动和寻食，主要取食蝗卵，5～6 龄进入休眠状态。

防治方法 一般不需单独防治。

南瓜斜斑天牛

病源 *Apomecyna histrio*（Fabricius），鞘翅目天牛科。异名 *Apomecyna alboguttata* Megerle。别名四斑南瓜天牛、瓜藤天牛、钻茎虫，是瓜类藤蔓的主要害虫。分布于贵州、云南、四川、广西、广东、湖南、浙江、福建、江苏、台湾等地。

寄主 南瓜、冬瓜、丝瓜、节瓜、甜瓜等。

为害特点 以幼虫蛀食瓜藤，破坏输导组织，导致被害瓜株生长衰弱，严重时茎断瓜蔫，影响产量和品质。被蛀害的植株抗力减弱，田间匍

南瓜斜斑天牛成虫脱虫孔及
幼虫排出的虫粪

南瓜斜斑天牛成虫

匐于地面的藤蔓易受白绢病菌侵染，加速其死亡。据贵州省荔波县和福建省南平市建阳区调查，受害重的有虫株率高达 20%～75%，减产 20%～30%。

生活习性 年发生几代，以老熟或成长幼虫越冬。越冬幼虫在枯藤内于翌年 4 月陆续化蛹和羽化，蛹期 10～14 天。5 月中旬开始产卵，产卵期长达 2 个多月。贵州荔波县 7 月下旬第 1 代成虫羽化，田间 8 月中旬可同时见到四种虫态。8 月下旬至 9 月中旬，初孵幼虫危害，此后进入越冬。成虫羽化后，啃食瓜株幼嫩组织和花及幼瓜。卵多散产于叶腋间，也有产在茎节中部的。产前成虫用上颚咬伤茎皮组织，埋卵其内或直接把卵产在瓜茎裂缝伤口处。幼虫孵出先在皮层取食，渐潜蛀于茎中。随着食量的增大，被害部外溢的瓜胶脱落，幼虫蛀空髓部，化蛹其间，成虫羽化后静置数日，从排粪孔中脱出。虫量大时，一株瓜蔓最多可捕获 21 头幼虫。

防治方法 ①注意田间清洁，冬前彻底清除田间残藤。特别是爬攀

在树上和墙、房上的瓜蔓不可留下，这样可降低越冬虫口密度。②6～7月间，加强检查，发现瓜株有新鲜虫粪排挂，用注射器注入内吸性杀虫剂毒杀幼虫。5月用50%杀螟丹可溶粉剂1000倍液或35%伏杀硫磷乳油300～400倍液喷雾防治成虫，喷雾时应避开瓜花，以防止杀害蜜蜂。

黄瓜天牛

[病源] *Apomecyna saltator*（Fabr.），鞘翅目天牛科。异名 *Apomecyna neglecta* Pascoe、*A. excavaticeps* Pic.。别名瓜藤天牛、南瓜天牛、牛角虫、蛀藤虫。分布在浙江、江苏、云南、贵州、福建、广西、广东、湖南和台湾等地。

[寄主] 黄瓜、南瓜、丝瓜、油瓜、冬瓜、甜瓜等。

[为害特点] 与南瓜斜斑天牛相同。

[生活习性] 年发生1～3代，以幼虫或蛹在枯藤内越冬。翌年4月初越冬幼虫化蛹，羽化为成虫后迁移至瓜类幼苗上产卵，初孵幼虫即蛀入瓜藤内为害。8月上旬幼虫在瓜藤内化蛹，8月底羽化为成虫，成虫羽化后飞至瓜藤上产卵，卵散产于瓜藤叶节裂缝内，幼虫初孵化横居藤内，蛀食皮层。藤条被害后轻者折断、腐烂或落瓜，严重的全株枯萎。成虫羽化后静伏一段时间后咬破藤皮钻出，有假死性，稍触动便落地，白天隐伏瓜茎及叶荫蔽处，晚上活动取食、交配。

黄瓜天牛成虫

[防治方法] 发现瓜株上有新鲜虫粪的蛀孔后，用注射器注入内吸性杀虫剂毒杀幼虫，用药棉蘸少许同样的药液堵塞虫孔，使幼虫中毒死亡。

瓜绢螟

[病源] *Diaphania indica*（Saunders），鳞翅目螟蛾科。别名瓜螟、瓜野螟。异名 *Glyphodes indica* Saunders。北起辽宁、内蒙古，南至国境线，长江以南密度较大。近年山东常常发生，为害也很重。种群呈明显上升趋势。

[寄主] 丝瓜、苦瓜、节瓜、黄瓜、甜瓜、冬瓜、西瓜、哈密瓜、番茄、茄子等。

瓜绢螟3龄幼虫放大

瓜绢螟末龄幼虫

瓜绢螟成虫放大

[为害特点]　幼龄幼虫在叶背啃食叶肉，呈灰白斑。3龄后吐丝将叶或嫩梢缀合，匿居其中取食，致使叶片穿孔或缺刻，严重时仅留叶脉。幼虫常蛀入瓜内，影响产量和质量。

[生活习性]　在广东年发生6代，以老熟幼虫或蛹在枯叶或表土越冬，翌年4月底羽化，5月幼虫为害。7～9月发生数量多，世代重叠，为害严重。11月后进入越冬期。成虫夜间活动，稍有趋光性，雌蛾产卵于叶背，散产或几粒在一起，每雌蛾可产卵300～400粒。幼虫3龄后卷叶取食，蛹化于卷叶或落叶中。卵期5～7天，幼虫期9～16天共4龄，蛹期6～9天，成虫寿命6～14天。浙江第1代为6月中旬，第2代

7月中旬，第3代在8月上旬至中旬，第4代9月初前后，第5代10月初前后。

[防治方法]　①提倡采用防虫网，防治瓜绢螟兼治黄守瓜。②及时清理瓜地，消灭藏匿于枯藤落叶中的虫蛹。③提倡用螟黄赤眼蜂防治瓜绢螟。此外，在幼虫发生初期，及时摘除卷叶，置于天敌保护器中，使寄生蜂等天敌飞回大自然或瓜田中，但害虫留在保护器中，以集中消灭部分幼虫。④近年瓜绢螟在南方周而复始地不断发生，用药不当，致瓜绢螟对常用农药产生了严重抗药性，应引起注意。⑤加强瓜绢螟预测预报，采用性诱剂或黑光灯预测预报发生期和发生量。⑥药剂防治掌握在种群主体处在1～3龄时，喷洒30%杀铃·辛乳油1200倍液或5%氯虫苯甲酰胺悬浮剂1200倍液或20%氟虫双酰胺水分散粒剂3000倍液。害虫接触该药后，即停止取食，但作用慢。也可喷洒1.8%阿维菌素乳油1500倍液、240g/L甲氧虫酰肼乳油1500～2000倍液、2.5%多杀菌素悬浮剂1000倍液、15%茚虫威悬浮剂2000倍液。⑦提倡架设频振式或微电脑自控灭虫灯，对瓜绢螟有效，还可减少蓟马、白粉虱的为害。

葫芦夜蛾

[病源]　*Anadevidia peponis* Fabricius，鳞翅目夜蛾科。异名 *Plusia*

peponis（Fabricius）。北起黑龙江，南抵台湾、广东、广西、云南。

寄主 葫芦科蔬菜、桑。

为害特点 幼虫食叶，在近叶基 1/4 处啃食成一弧圈，致使整片叶枯萎，影响作物生长发育。

葫芦夜蛾成虫

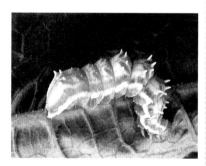

葫芦夜蛾带刺幼虫

生活习性 广东年发生 5 ～ 7 代，以老熟幼虫在草丛中越冬。全年以 8 月发生较多，为害黄瓜、节瓜和葫芦瓜等。成虫有趋光性，卵散产于叶背。初龄幼虫食叶呈小孔，3 龄后在近叶基 1/4 处将叶片咬成一弧圈，使叶片干枯。老熟幼虫在叶背吐丝结薄茧化蛹。

防治方法 零星发生，不单独采取防治措施。

瓜实蝇（果蔬实蝇）

病源 *Bactrocera*（*Zeugodacus*）*cucurbitae*（Coquillett），双翅目实蝇科。别名黄瓜实蝇、瓜小实蝇、瓜大实蝇、"针蜂"、瓜蛆。异名 *Chaetodacus cucurbitae* Coquillett、*Dacus cucurbitae* Coquillett。北限厦门，南至广东、广西、台湾、海南、云南、四川。

寄主 苦瓜、节瓜、冬瓜、南瓜、黄瓜、丝瓜、番石榴、番木瓜、笋瓜等瓜类作物。

瓜实蝇侧面观（江昌木）

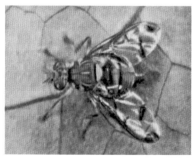

瓜实蝇成虫背面（江昌木）

为害特点 成虫以产卵管刺入幼瓜表皮内产卵，幼虫孵化后即钻进瓜内取食，受害瓜先局部变黄，而后全瓜腐烂变臭，大量落瓜。即使不腐烂，刺伤处凝结着流胶，畸形下陷，果皮硬实，瓜味苦涩，品质下降。

生活习性 广州年发生 8 代，世代重叠，以成虫在杂草、蕉树越冬。翌年 4 月开始活动，以 5～6 月为害重。成虫白天活动，夏天中午高温烈日时，静伏于瓜棚或叶背，对糖、酒、醋及芳香物质有趋性。雌虫产卵于嫩瓜内，每次产几粒至 10 余粒，每雌可产数十粒至百余粒。幼虫孵化后即在瓜内取食，将瓜蛀食成蜂窝状，以致腐烂、脱落。老熟幼虫在瓜落前或瓜落后弹跳落地，钻入表土层化蛹。卵期 5～8 天，幼虫期 4～15 天，蛹期 7～10 天，成虫寿命 25 天。

防治方法 ①毒饵诱杀成虫。用香蕉皮或菠萝皮（也可用南瓜、番薯煮熟经发酵）40 份、90% 敌百虫晶体 0.5 份（或其他农药）、香精 1 份，加水调成糊状毒饵，直接涂在瓜棚篱竹上或装入容器挂于棚下，每 $667m^2$ 放 20 个点，每点放 25g，能诱杀成虫。②及时摘除被害瓜，喷药处理烂瓜、落瓜并要深埋。③保护幼瓜。在严重地区，将幼瓜套纸袋，避免成虫产卵。④药剂防治。在成虫盛发期，选中午或傍晚喷洒 5% 天然除虫菊素乳油 1000 倍液或 60% 灭蝇胺水分散剂 2500 倍液或 3% 甲氨基阿维菌素苯甲酸盐微乳剂 3000～4000 倍液或 80% 敌敌畏乳油 900 倍液。⑤6～7 月、9～11 月高发期提倡用瓜实蝇性诱剂。选用整支扎针孔诱芯或 0 号柴油和普通矿泉水瓶制作的诱捕器，防效达 80%，持效期 100 天。

葫芦寡鬃实蝇

病源 *Dacus*（*Dacus*）*bivittatus*（Bigot），双翅目实蝇科。异名 *Leptoxys bivittatus* Bigot、*D.pectoralis* Walker 等。主要分布在热带。

寄主 葫芦、西葫芦、黄瓜、苦瓜、丝瓜、笋瓜、南瓜、佛手瓜、甜瓜、番茄等。

葫芦寡鬃实蝇成虫放大

为害特点 幼虫潜居在瓜内为害至发育成熟。

生活习性 在热带雨林地主要为害瓜类蔬菜，以卵和幼虫随寄主果实调运传播。

防治方法 ①严禁从疫区进口未经产地检疫或进行灭虫处理的葫芦科瓜果的果实。②对来自该虫发生区的葫芦科、茄科及西番莲属瓜果蔬菜要严格进行检疫。③药剂防治参见瓜实蝇。

葫瓜实蝇

病源 *Bactrocera*（*Zeugodacus*）*nubilus* Hendel，双翅目实蝇科。又称纤小寡鬃实蝇。异名 *Dacus*（*Zeugodacus*）*nubilus* Hendel。分布于长江以南、陕西、甘肃。

寄主 西葫芦、西瓜、南瓜等。

为害特点 幼虫蛀害果实，造成瓜腐烂。

葫瓜实蝇雌成虫（梁广勤）

生活习性 陕西年发生1代，以蛹在土内5～10cm处越冬，少数深达15～20cm。西葫芦和南瓜7月开花结瓜时，越冬蛹羽化，成虫交配后卵产于幼瓜和嫩瓜皮下组织内。每产1次卵约3min，产卵孔处有水渍流出，干燥后似一层白色胶质涂于产卵孔之上。产卵孔周围组织木质化，圆形，褐色。孵化后，幼虫在瓜内蛀食，常整瓜被吃一空，全部腐烂。瓜老熟后表皮组织坚硬不再产卵。一瓜内有虫60～70头，多者100余头。幼虫老熟后，从腐烂瓜内弹跳入土化蛹越冬。成虫对糖酒醋液有一定趋性，但无趋光性。

防治方法 葫瓜实蝇属危险性害虫，随瓜调运传播和扩散，目前该虫在甘肃尚属局部发生，现有扩散趋势。为控制其扩大危害，应做好以下几项工作。①认真实施检疫制度，防止扩散蔓延。②发动群众，对葫瓜实蝇蛀食的瓜，集中深埋于深0.5～1m土坑内。③在幼瓜和嫩瓜期，覆盖青草或套袋，防止成虫产卵。④其他方法参见瓜实蝇。

棕榈蓟马

病源 *Thrips palmi* Karny，缨翅目蓟马科。别名瓜蓟马、南黄蓟马。分布于浙江、福建、台湾、海南、广东、广西、湖南、贵州、云南、四川、西藏。

棕榈蓟马为害甜瓜叶片

棕榈蓟马成虫

采用蓝色粘虫板诱杀蓟马

寄主 节瓜、黄瓜、苦瓜、冬瓜、西瓜、白瓜、茄子、甜椒、豆科蔬菜、十字花科蔬菜等。

为害特点 成虫和若虫锉吸瓜类嫩梢、嫩叶、花和幼瓜的汁液，被害嫩叶、嫩梢变硬缩小，茸毛呈灰褐色或黑褐色，植株生长缓慢，节间缩短。幼瓜受害后亦硬化，毛变黑，造成落瓜，严重影响产量和质量。茄子受害时，叶脉变黑褐色。发生严重时，也影响植株生长。近年已成为传播瓜类、茄果类番茄斑萎病毒病（TSWV）的重要媒介，造成病毒病流行成灾。

生活习性 广西年发生17～18代，广东20多代。世代重叠，终年繁殖。3～10月为害瓜类和茄子，冬季取食马铃薯、水茄等植物。在广东，5月下旬至6月中旬、7月中旬至8月上旬和9月为发生高峰期，以秋季严重。在广西，早造毛节瓜上4月中旬、5月中旬及6月中下旬有3次虫口高峰期，以6月中下旬最烈。成虫活跃、善飞、怕光，多在节瓜嫩梢或幼瓜的毛丛中取食，少数在叶背为害。雌成虫主要行孤雌生殖，偶有两性生殖。卵散产于叶肉组织内，每雌产卵22～35粒。若虫也怕光，到3龄末期停止取食，落入表土"化蛹"。卵期2～9天，若虫期3～11天，"蛹期"3～12天，成虫寿命6～25天。此虫发育适温为15～32℃，2℃仍能生存，但骤然降温易死亡。土壤含水量在8%～18%时，"化蛹"和羽化率都高。

防治方法 ①农业防治。根据蓟马繁殖快、易成灾的特点，应注意预防为主，综合防治。如用营养土方育苗，适时栽植，避开危害高峰期。瓜苗出土后，用薄膜覆盖代替禾草覆盖，能大大降低虫口密度。清除田间附近野生茄科植物，也能减少虫源。②生物防治。a. 南方提倡用小花蝽（*Orius similis*）防治瓜蓟马。b. 中后期采用喷雾法。提倡选用6%绿浪水剂1000倍液、0.5%楝素杀虫乳油1500倍液、2.5%鱼藤酮乳油500倍液、5%多杀霉素悬浮剂800～1000倍液。③物理防治。蓟马发生期每667m² 挂蓝色粘虫板10～20块，诱杀蓟马，种蝇效果好，单日可诱杀蓟马百余头。④化学防治。当每株虫口达3～5头时，提倡用生长点浸泡法，即用99.1%敌死虫乳油300倍液或20%丁硫克百威乳油1000倍液，置于小瓷盆等容器中，然后于晴天把瓜类蔬菜的生长点浸入药液中，即可杀灭蓟马，既省药又保护天敌。

防治苗期蓟马：用20%吡虫啉或25%噻虫嗪水分散粒剂3000～4000倍液于定植前1～2天进行灌根或药剂蘸根，采用灌根的每株用对好的药液 30～50ml，采用穴盘进行药剂蘸根的，把整个穴盘苗根部蘸湿透即可，持效期长达 1 个月，效果好于喷洒。此外，也可喷洒 70% 吡虫啉水分散粒剂 8000 倍液、25% 噻虫嗪水分散粒剂 1800 倍液、10% 吡虫啉可湿性粉剂 1200 倍液，或 0.3% 印楝素乳油 800 倍液、2.5% 高渗吡虫啉乳油 1200 倍液均有效。上述杀虫剂防效不高的地区，可选用 25% 吡·辛乳油 1500 倍液、10% 柠檬草乳油 250 倍 +0.3% 印楝素乳油 800 倍液或 10% 烯啶虫胺水剂 1500～2000 倍液。但要连用 2～3 次才能收到稳定明显的效果。

黄蓟马

病源 *Thrips flavus* Schrank，缨翅目蓟马科。别名菜田黄蓟马、棉蓟马、节瓜蓟马、瓜亮蓟马、节瓜亮蓟马。异名 *Thrips clarus* Moulton、*T. flevas* Schrank、*T. florum* Schrank。分布在淮河以南及长江以南各地。

寄主 节瓜、胡瓜、水果型黄瓜等瓜类蔬菜作物及葱、油菜、百合、甘薯、玉米、棉、豆类。

为害特点 成虫和若虫在瓜类作物幼嫩部位吸食危害，严重时导致嫩叶、嫩梢干缩，影响生长。幼瓜受害后出现畸形，生长缓慢，严重时造成落瓜。茄子受害后，叶片皱缩变厚，黄化变小，严重的整株枯死。菜用大豆受害，致叶片变黄脱落，豆荚萎缩，籽粒干瘪。

生活习性 发生代数不详，河南以成虫潜伏在土块下、土缝中或枯枝落叶间越冬，少数以若虫越冬，翌年 4 月开始活动，5～9 月进入危害期，秋季受害重。晴天成虫喜欢隐蔽在幼瓜的毛茸中取食，少数在叶背危害，把卵散产在叶肉组织内。发育适温 25～30℃，暖冬利其发生。

黄蓟马为害黄瓜果实状

黄蓟马成虫为害黄瓜叶片状

黄蓟马成虫放大

防治方法 ①农业防治。春瓜注意及时清除杂草，以减少该蓟马转移到春黄瓜上。注意调节黄瓜、节瓜等播种期，尽量避开蓟马发生高峰期，以减轻为害。②物理防治。提倡采用遮阳网、防虫网，可减轻受害。提倡挂蓝色粘虫板诱杀蓟马、种蝇。③保护利用天敌。④药剂防治。在黄瓜现蕾和初花期，及时喷洒 24% 螺虫乙酯悬浮剂 2500 倍液、25g/L 多杀霉素悬浮剂 1200 倍液、25% 噻虫嗪水分散粒剂 4500 倍液、40% 啶虫脒水分散粒剂 3500 倍液、10% 烯啶虫胺水剂 2500 倍液。

美洲棘蓟马

病源 *Echinothrips americanus* Morgan，属缨翅目蓟马科。原产于北美东部，现已侵入扩散至欧洲、泰国、日本。

寄主 温室作物特别是蔬菜，如黄瓜、番茄等。

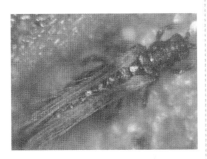

美洲棘蓟马成虫黑褐色（石宝才）

为害特点 主要为害苗期蔬菜。

形态特征 雌成虫体长 1.6mm，雄成虫 1.3mm，浅褐色或黑褐色，腹部体节红色，触角 1～2 节深褐色，3～4 节颜色变浅呈半透明状。卵椭圆形，透明，位于叶片表皮之内。初孵若虫体色透明，取食后渐变白色，后变成浅黄色。2 龄若虫在变成前蛹之前为乳白色或浅黄色。蛹白色或浅黄色，翅芽较长，长超过体长的 1/2，触角弯向体后方。

生活习性 该蓟马营两性生殖和孤雌产雄生殖两种生殖方式。把卵产在叶背表皮下。若虫孵化后就在叶片上取食为害。直到 2 龄蜕皮后才进入前蛹期，前蛹经蜕皮后进入蛹期。卵、1 龄若虫、2 龄若虫、蛹和从卵至成虫的发育历期在黄瓜上分别是（15.6±1.8）天、（3.6±0.8）天、（2.1±0.4）天、（5.2±0.9）天和 26.5 天。在辣椒上的发育历期比在黄瓜上长 20%。在温室中可常年发生为害。

防治方法 ①保护利用塔六点蓟马、捕食螨进行生物控制。②在田间喷洒 24% 螺虫乙酯悬浮剂 2000 倍液或 10% 烯啶虫胺可溶液剂 2500 倍液、10% 吡虫啉悬浮剂 1500 倍液。

色蓟马

病源 *Thrips coloratus* Schmutz，缨翅目蓟马科。异名 *Thrips japonicus* Bagnall、*Thrips melanurus* Bagnall.，别名日本蓟马。分布在江南一些地区。

寄主 黄瓜、苦瓜、十字花科

植物、洋葱、茶花、桂花、枇杷、水稻等。

色蓟马成虫

为害特点 成虫和若虫为害瓜类作物植株的生长点及其附近，心叶常停止生长，致生长点附近的幼叶短小，弯曲或畸形，生长停止，致果皮粗糙。此症状与茶黄螨危害状容易区别。色蓟马主要在花内活动，以锉吸式口器吸取花器汁液，严重的花提早凋谢，影响结实。

生活习性、防治方法参见黄胸蓟马。

西花蓟马

病源 *Frankliniella occidentalis*（Peragnde），缨翅目蓟马科。是我国危险性外来入侵生物，2003 年春夏在北京局部地区暴发成灾，每朵辣椒花上有成虫、若虫百多头，为害严重。境外分布：北美、肯尼亚、南非、新西兰、哥斯达黎加、日本。

寄主 辣椒、彩色甜椒、樱桃番茄、番茄、茄子、洋葱、菜豆、草莓、玫瑰等 60 多科，500 多种植物。

为害特点 成虫在叶、花、果实的薄皮组织中产卵，幼虫孵化后取食植物组织，造成叶面褪色，受害处有齿痕或由白色组织包围的黑色小伤疤，有的还造成畸形。西花蓟马还可传带番茄斑萎病毒（TSWV）和烟草环斑病毒（TRSV），导致整个温室辣椒或番茄染上病毒病，造成植株生长停滞，矮小枯萎。

形态特征 成虫：体小狭长，体长 2mm 以下，有窄的缨翅，体色从黄到棕，腹部末端浅黄色。卵：长 $200\mu m$，肾形，不透明。若虫：1 龄若虫无色透明，2 龄若虫金黄色。蛹：早期伪蛹出现刺芽，身体变短，触角直立。晚期伪蛹成虫刚毛形态始见，触角转向后方。早、晚期伪蛹阶段均为白色。

生活习性 西花蓟马食性杂，寄主范围广。寄主植物也在不断增加，即存在明显的寄主谱扩张现象。西花蓟马的远距离传播主要靠人为因素（如种苗、花卉调运及人工携带）传播，该蓟马适应能力很强，在运输途中遇有温湿度不适或恶劣环境，经短暂潜伏期后，会很快适应新侵入地区的条件，而成为新发生地区的重大害虫，因此成为我国潜在的侵入性重要害虫。

防治方法 西花蓟马个体小，适应性强，一旦定植成功，种群迅速增长，很难清除。国外经验表明，使用单一防治技术难以有效控制该蓟马的危害，必须采取综合防控措施。现我国也建立了适应中国特点的西花蓟马综合防治技术，采用以隔离、净苗、诱捕、生防和调控为核心的防控技术体系。①隔离。在通风口、门窗等处增设防虫网，阻止外面的蓟马随气流进入棚室内。②净苗。控制初始种群数量，培育无虫苗或称清洁苗，是防治西花蓟马的关键措施，只要抓住这一环节，保护地茄科、葫芦科蔬菜可免受害或少受害。③诱捕。在蔬菜生长期内悬挂蓝色粘虫板诱捕西花蓟马成虫。④生防。在加温或节能日光温室春夏秋果菜上，西花蓟马种群密度低时，释放新小绥螨（*Neoseiulus* spp.）等捕食螨。⑤调控。把化学防治作为防控西花蓟马种群数量和使保护地蔬菜免受其他病虫害为害的辅助性措施，在茄果类或瓜类 2 ～ 3 片真叶至成株期心叶有 2 ～ 3 头蓟马时，及时喷洒 25g/L 多杀霉素悬浮剂 1000 ～ 1500 倍液或 24% 螺虫乙酯悬浮剂 2000 倍液、10% 柠檬草乳油 250 倍液 +0.3% 印楝素乳油 800 倍液、15% 唑虫酰胺乳油 1000 ～ 1500 倍液、10% 烯啶虫胺可溶液剂 2500 倍液，7 ～ 15 天 1 次，连续防治 3 ～ 4 次，注意轮换用药。

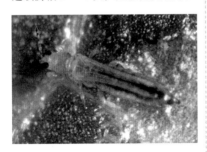

西花蓟马成虫放大

黄胸蓟马

病源 *Frankliniella intonsa*（Trybom），缨翅目蓟马科。异名 *Thrips hawaiiensis*（Morgan）。别名夏威夷蓟马、扁花蓟马。在淮河以南各地普遍发生。

寄主 各种瓜类、豇豆、四季豆、空心菜、辣椒、茄子、番茄、韭瓜、蚕豆、山银花、十字花科蔬菜等。

为害特点 以成虫和若虫锉吸植物的花、子房及幼果汁液，花被害后常留下灰白色的点状食痕，为害浆果，受害处现红色小点，后变黑，此外，还有产卵痕。为害严重的花瓣卷缩，致花提前凋谢，影响结实及产量。在广州瓜类的花上，黄胸蓟马与花蓟马、节瓜蓟马等共存，总体数量少于棕榈蓟马。

黄胸蓟马成虫

生活习性 年发生 10 多代，热带地区年发生 20 多代，在温室可常年发生。以成虫在枯枝落叶下越冬。翌年 3 月初开始活动为害。成虫、若虫隐匿花中，受惊时，成虫振翅飞逃。雌成虫产卵于花瓣或花蕊的表皮下，有时半埋在表皮下。成虫、若虫取食时，用口器锉碎植物表面吸取汁液，但口器并不锐利，只能在植物的幼嫩部位锉吸。该蓟马食性很杂，在不同植物间常可相互转移危害。高温干旱利于此虫大发生，多雨季节发生少。借风常可将蓟马吹入异地。

防治方法 ①保护原有天敌，引进外来天敌。②辅之以选用少量必需的杀虫杀螨剂，给天敌生存空间，抑制蓟马的密度。③发展使用昆虫生长调节剂和抑制蓟马几丁质合成剂。④田间用银灰膜覆盖，对蓟马、蚜虫均有忌避作用。⑤提倡用蓝色粘虫板诱杀，将粘虫板挂在花的高度，每 $667m^2$ 用 $10\sim20$ 块经济有效。⑥加强田间管理，注意虫口数量变化，生长点出现 $1\sim3$ 头时，提倡采用生长点浸泡法：用 70% 吡虫啉水分散粒剂 8000 倍液、5% 多杀霉素悬浮剂 1200 倍液、20% 丁硫克百威乳油 1000 倍液置于小瓷盆等容器中，于晴好天气把上述蔬菜的生长点浸入配好的药液中杀死蓟马。此外，也可喷洒 10% 柠檬草乳油 250 倍 +0.3% 印楝素乳油 800 倍液。

红脊长蝽

病源 *Tropidothorax elegans*（Di-stant），半翅目长蝽科。别名黑斑红长蝽。分布于北京、天津、江苏、浙江、江西、河南、广东、广西、台湾、四川、云南。

寄主 瓜类、油菜、白菜等蔬菜作物。

为害特点 成虫和若虫群集于嫩茎、嫩瓜、嫩叶上刺吸汁液，刺吸处呈褐色斑点，严重时导致枯萎。

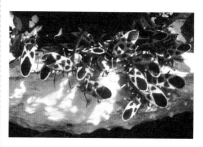

红脊长蝽成虫在瓜的果实上为害

生活习性 在江西南昌年发生 2 代，以成虫在石块下、土穴中或树洞里成团越冬。翌春 4 月中旬开始活动，5 月上旬交尾。第 1 代若虫于 5 月底至 6 月中旬孵出，7～8 月羽化产卵。第 2 代若虫于 8 月上旬至 9 月中旬孵出，9 月中旬至 11 月中旬羽化，11 月上、中旬开始越冬。成虫怕强光，以上午 10 时前和下午 5 时后取食较盛。卵成堆产于土缝里、石块下或根际附近土表，一般每堆 30 余枚，最多达 200～300 枚。

防治方法 ①农业防治。清理菜地，进行冬耕，消灭部分越冬成虫。②发现卵块及时摘除。③严重时喷洒 40% 啶虫脒水分散粒剂 4000 倍液。

朱砂叶螨和二斑叶螨

病源 朱砂叶螨: *Tetranychus ci-nnabarinus*（Boisduval），真螨目叶螨科。别名棉红蜘蛛、棉叶螨（误定）、红叶螨。二斑叶螨: *T. urticae* Koch。分布于北京、天津、河北、山西、陕西、辽宁、河南、山东、江苏、安徽。

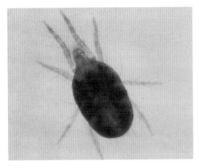

朱砂叶螨成虫（王少丽摄）

二斑叶螨成虫和卵

寄主 过去把为害蔬菜的红色叶螨误定为棉叶螨，实际上棉叶螨是1个包含朱砂叶螨、二斑叶螨等3个种以上的复合种群。在菜田主要为害黄瓜、水果型黄瓜、甜瓜、西瓜、小西瓜、哈密瓜、菜用仙人掌、草莓、人参果、食用玫瑰、紫苏、菜苜蓿、菜用番木瓜、甜玉米等。

生活习性 年发生10～20代（由北向南逐增），越冬虫态及场所随地区而不同。在华北以雌成虫在杂草、枯枝落叶及土缝中越冬；在华中以各种虫态在杂草及树皮缝中越冬；在四川以雌成虫在杂草或豌豆、蚕豆等作物上越冬。翌春气温达10℃以上时，即开始大量繁殖。3～4月先在杂草或其他寄主上取食，4月下旬至5月上、中旬迁入瓜田，先是点片发生，而后扩散全田。成螨羽化后即交配，第2天即可产卵，每雌能产50～110粒，多产于叶背。卵期在15℃时为13天，20℃为6天，22℃为4天，24℃为3～4天，29℃为2～3天。由卵孵化出的1龄幼虫仅具3对足，2龄及3龄（分别称前期若虫和后期若虫）均具4对足（雄性仅2龄）。在四川简阳，幼虫和若虫的发育历期4月为9天，5月为8～9天，6月为5～6天，7月为5天，8月为6～7天，9～10月为7～8天，11月为10～11天。成虫寿命在6月平均22天，7月约19天，9～10月平均29天。先羽化的雄螨有主动帮助雌螨蜕皮的行为，蜕出后即交配，交配时雄体在下方，锥形腹端翻转向上与雌体交接，交配时间在2min以上。雌雄一生可多次交配，交配能刺激雌螨产卵，并使雌性比增加。朱砂叶螨亦可孤雌生殖，其后代多为雄性。幼虫和前期若虫不甚活动。后期若虫则活泼贪食，有向上爬的习性。在瓜类作物及架豆植株上，先为害下部叶片，而后向上蔓延。繁殖数量过多时，常在叶端群集成团，滚落地面，被风刮走，向四周爬行扩散。朱砂叶螨发育起点温度为7.7～8.8℃，最适温度29～31℃，最适相对湿度为35%～55%。因此，高温低湿的6～8月为害重，尤其干旱年份易于大发生。但温度达30℃以上和相对湿度超过70%时，不利于其繁殖，暴雨有抑制作用。

防治方法 ①农业防治。铲除田边杂草，清除残株败叶，可消灭部分虫源和早春寄主。天气干旱时，注意灌溉，增加菜田湿度，不利于其发育繁殖。②生物防治。a.提倡利用胡瓜钝绥螨防治黄瓜上的朱砂叶螨和二斑叶螨，把这种捕食螨装在含有适量食物的包装袋中，每袋2000只，只要把包装袋粘在或挂在瓜类作物植株上，就可释放出捕食螨，消灭害螨。要求在害螨低密度时开始使用，且释放后禁止使用杀虫剂。b.用拟长毛钝绥螨（*Amblyseius pseudolongispinosus*）防治朱砂叶螨、二斑叶螨等害螨。上海释放后在6～8天内能有效控制叶螨为害。该天敌分布在江苏、浙江、山东、辽宁、福建、云南等地，具广阔前景。c.提倡喷洒植物性杀虫剂，如0.5%藜芦碱醇溶液800倍、0.3%印楝素乳油1000倍液、1%苦参碱6号可溶液剂1200倍液。③药剂防治。目前对朱砂叶螨有效的农药有240g/L螺

螨酯悬浮剂4000～6000倍液、20%四螨嗪可湿性粉剂1800倍液、15%辛•阿维菌素乳油1000～1200倍液、25%丁醚脲乳油500～800倍液。其中5%唑螨酯悬浮剂和240g/L螺螨酯悬浮剂对二斑叶螨卵毒力较高，可用于杀卵。以上药物交替轮换使用，提高防效。

康氏粉蚧

病源 *Pseudococcus comstocki*（Kuwana），同翅目粉蚧科。别名桑粉蚧、梨粉蚧、李粉蚧。分布在全国各地。

寄主 佛手瓜、食用仙人掌、枣、梅、山楂、葡萄、杏、核桃、石榴、栗、柿、茶等。

为害特点 若虫和雌成虫刺吸芽、叶、果实、枝干及根部的汁液，嫩枝和根部受害常肿胀且易纵裂而枯死。幼果受害多成畸形果。排泄蜜露常引起煤污病发生，影响光合作用，产量下降。

康氏粉蚧危害佛手瓜

生活习性 年发生3代，以卵在各种缝隙及土石缝处越冬，少数以

若虫和受精雌成虫越冬。寄主萌动发芽时开始活动，卵开始孵化分散为害，第 1 代若虫盛发期为 5 月中下旬，6 月上旬至 7 月上旬陆续羽化，交配产卵。第 2 代若虫 6 月下旬至 7 月下旬孵化，盛期为 7 月中、下旬，8 月上旬至 9 月上旬羽化，交配产卵。第 3 代若虫 8 月中旬开始孵化，8 月下旬至 9 月上旬进入盛期，9 月下旬开始羽化，交配产卵越冬；早产的卵可孵化，以若虫越冬；羽化迟者交配后不产卵即越冬。雌若虫期 35～50 天，雄若虫期 25～40 天。雌成虫交配后再经短时间取食，寻找适宜场所分泌卵囊产卵其中。单雌卵量，1 代、2 代为 200～450 粒，3 代为 70～150 粒，越冬卵多产于缝隙中。此虫可随时活动转移危害。其天敌有瓢虫和草蛉。

防治方法 ①注意保护和引放天敌。②初期点片发生时，人工刷抹有虫茎蔓。③药剂防治。在若虫分散转移期，分泌蜡粉形成介壳之前喷洒 99.1% 敌死虫乳油 300 倍液、20% 啶虫脒乳油 1500～2000 倍液、24% 螺虫乙酯悬浮剂 2500 倍液，如与含油量 0.3%～0.5% 柴油乳剂或黏土柴油乳剂混用，对已开始分泌蜡粉介壳的若虫也有很好的杀伤作用，可延长防治适期，提高防效。

瓜蔓颅沟饰冠小蠹

病源 *Cosmoderes monilicollis* Eichh.，鞘翅目小蠹虫科。颅沟饰冠小蠹虫是为害瓜蔓的一种蛀茎害虫。分布在贵州等地。

寄主 冬瓜、丝瓜、葫芦和南瓜濒死的藤蔓或枯蔓。

为害特点 以幼虫和成虫蛀食瓜茎组织，加速植株死亡。藤蔓被蛀后，输导组织被蛀成纵横交叉的虫道，充满碎屑。

瓜蔓颅沟饰冠小蠹蛀害南瓜茎蔓

生活习性 贵州年发生 3～4 代，以成虫及少量老熟幼虫在瓜蔓内越冬。翌年 3 月成虫交尾，选择新的枯藤筑虫坑并产卵，在其中完成两个世代。7～9 月，新 1 代成虫迁到生长弱、处于生命后期的濒死瓜株上为害，直至越冬。瓜茎内被蛀的纵坑多为营养道，成虫在道壁两侧咬成缺口，产卵 1～3 粒于其中。卵孵化后幼虫横向或斜纵向蛀食新坑，老熟后化蛹在此子坑中。树及立体攀缠物上的瓜蔓易受害。

防治方法 ①加强栽培管理，使瓜蔓生长健壮，延缓衰枯期，这样的植株蠹虫一般不蛀害；后期侵害瓜已老熟，对产量和品质无影响。②彻底清除瓜田内及附近残留的枯蔓，减少越冬虫源。

侧多食跗线螨

病源　*Polyphagotarsonemus latus*（Banks），蜱螨目跗线螨科。别名茶黄螨、茶嫩叶螨、白蜘蛛、阔体螨等。分布在全国各地。长江以南和华北受害重。

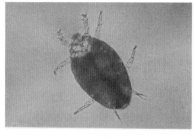

侧多食跗线螨

寄主　黄瓜、甜瓜、西葫芦、冬瓜、瓠子、茄子、辣椒、番茄、菜豆、豇豆、苦瓜、丝瓜、苋菜、芹菜、萝卜、蕹菜、落葵等多种蔬菜。

为害特点　以成螨或幼螨聚集在黄瓜幼嫩部位及生长点周围，刺吸植物汁液，轻者叶片缓慢伸开，变厚、皱缩，叶色浓绿，严重的瓜蔓顶端叶片变小、变硬，叶背呈灰褐色。叶具油质状光泽，叶缘向下卷，致生长点枯死，不长新叶，其余叶色浓绿，幼茎变为黄褐色，瓜条受害变为黄褐色至灰褐色。植株扭曲变形或枯死。该虫危害状与生理病、病毒病相似，生产上要注意诊断。

生活习性　各地发生代数不一，北京5月下旬开始发生，6月下旬至9月中旬进入危害盛期，温暖多湿利其发生。

防治方法　①保护地要合理安排茬口，及时铲除棚室四周及棚内杂草，避免人为带入虫源。前茬茄果类、瓜类收获后要及时清除枯枝落叶并深埋或沤肥。②加强虫情检查，在发生初期进行防治。黄瓜、甜（辣）椒首次用药时间 北京、河北为5月底6月初；早茄子6月底至7月初，夏茄子为7月底8月初，一般应掌握在初花期第一片叶子受害时开始用药，对其有效的杀虫剂有15%唑虫酰胺乳油1000～1500倍液、10%虫螨腈悬浮剂600～800倍液、240g/L螺螨酯悬浮剂5000倍液。

覆膜瓜田灰地种蝇

病源　*Delia platura*（Meigen），双翅目花蝇科。分布在全国各地。

寄主　为害瓜类、十字花科蔬菜、豆科蔬菜、葱等。

为害特点　瓜类种子发芽时幼虫从露外处钻入，造成种子霉烂不出苗；幼虫蛀害幼苗的根、茎，使瓜株停止生长或全株枯死，造成缺苗断垄，甚至毁种。尤其是早春覆膜西瓜受害重，呈逐年加重的趋势。

生活习性　山东年发生4代，以蛹越冬，早春西瓜播种后，3月下旬至4月上旬为害西瓜等瓜类作物，4月初1代幼虫进入发生为害盛期，常较露地不覆膜的西瓜田提早5～10天。为害西瓜主要发生在播种后真叶

覆膜瓜田灰地种蝇幼虫为害根部

灰地种蝇成虫放大

提倡用蓝色粘虫板诱杀种蝇和蓟马

长出之前至第 1 片真叶展开、第 2 片真叶露出时，为害期为 10 ～ 15 天。由于发生在出苗前后，再加上覆膜，人们不易发现。主要原因是施用了未腐熟的有机肥，膜下温度高于 15℃，均温为 24.5℃，较露地高 1 倍以上，对灰地种蝇生育有利，再加上早春西瓜出苗时间长利于种蝇幼虫蛀害。

防治方法 ①进行测报，尽早把病虫防治信息告知瓜农。②施用腐熟有机肥，防止成虫产卵。③采用育苗移栽，不用或少用催芽直播法。④播种时用 90% 敌百虫可溶粉剂 200g，加 10 倍水，拌细土 28kg，撒在播种沟或栽植穴内，然后覆土。播完后再用敌百虫 200g 拌麦麸 3 ～ 5kg，撒在播种行的表面后及时覆膜，不仅可有效防治灰地种蝇，且对蝼蛄、蛴螬有兼治效果。⑤种蝇危害严重的，每 667m² 挂 10 ～ 20 块蓝色粘虫板，单日可诱杀种蝇百余头，经济有效。⑥灰地种蝇对黄瓜、西瓜、甜瓜危害期较短，出苗后用 1.8% 阿维菌素乳油 2000 倍液或 5% 天然除虫菊素乳油 1500 倍液灌根，每喷雾器用 20ml，对水 20 ～ 30L 即可，为防止瓜苗产生药害，黄瓜、西瓜苗期尽量不用有机磷农药。

瓜田斜纹夜蛾

病源 *Spodoptera litura*（Fabricius），鳞翅目夜蛾科。

寄主 西葫芦、冬瓜、瓠瓜、

西瓜等瓜类。

[为害特点] 幼虫咬食瓜类叶、花、果实，大发生时能把西葫芦等瓜类全棚植株吃成光秆，造成绝收。

斜纹夜蛾成虫

[防治方法] ①在各代幼虫低龄期，用90%敌百虫50g，对水60kg喷雾，效果好。②冬瓜、瓠瓜田可喷洒25%噻虫嗪水分散粒剂5000倍液或1.8%阿维菌素乳油2000倍液、1.5%甲氨基阿维菌素苯甲酸盐（甲维盐）乳油2500倍液、15%茚虫威悬浮剂2500倍液、10%虫螨腈悬浮剂1500倍液、20%虫酰肼悬浮剂800倍液。

瓜田棉铃虫

[病源] *Helicoverpa armigera*（Hü-bner）。

[寄主] 除为害茄果类外，近年还为害甜瓜、西瓜。

[为害特点] 幼虫蛀食甜瓜、西瓜花、幼蕾及果实，引起落花落蕾，偶尔蛀茎，咬食嫩叶食成缺刻或吃光，果实受蛀后引起腐烂。

棉铃虫成虫

[生活习性] 内蒙古、新疆年发生3代，华北4代，黄河流域3～4代，长江流域4～5代，以蛹在土中越冬，翌春气温升至15℃以上，开始羽化，4月下旬至5月上旬进入羽化盛期，成虫出现，第1代在6月中、下旬，第2代在7月中、下旬，第3代在8月中、下旬至9月上旬。

[防治方法] 卵孵化盛期至幼虫2龄前幼虫未蛀入果内之前喷洒2%甲维盐3000～4000倍液或200g/L氯虫苯甲酰胺悬浮剂3000～4000倍液，10～12天1次。

瓜田烟夜蛾

[病源] *Helicoverpa assulta*（Gue-née）。

[寄主] 西瓜、南瓜、甜玉米等。

[为害特点] 以幼虫蛀害蕾、花、果，也危害嫩茎、叶、芽，果实被蛀引起腐烂造成大量落果，大幅减产。是西瓜、南瓜生产上的重要害虫，尤其是西瓜开花后成虫进入瓜田产卵，1～2龄幼虫藏匿花中取食花

蕊和嫩叶，3龄后咬食幼果或蛀入果中，造成大量烂瓜。

烟夜蛾成虫

瓜田烟青虫

形态特征 烟青虫与棉铃虫是近似种，生产上较难区别。烟青虫雌雄成虫都是黄褐色，前翅肾状纹、环状纹及各条横线较清晰；后翅黄褐色，外缘黑褐色带较窄，带上的白斑不明显。

烟青虫成虫

生活习性 华北1年发生2代、华南1年发生5代，均以蛹在10cm深土层中越冬，同一地区烟青虫发生常较棉铃虫少1代。

防治方法 参见瓜田甜菜夜蛾。

瓜田甜菜夜蛾

病源 *Spodoptera exigua*（Hübner）。

寄主 西瓜、甜瓜，近年已发展成重要害虫。

甜菜夜蛾成虫

为害特点 以幼虫蛀食叶片，初孵幼虫群集叶背，吐丝结网，在网内取食叶肉，留下表皮成透明的小孔，3龄后把叶片吃成缺刻，残留叶脉、叶柄，造成瓜苗死亡。

生活习性 山东、江苏、陕西年发生4～5代，北京5代，长江中下游5～6代，深圳10～11代，江苏北部地区以蛹在土室内越冬，广东、深圳终年为害。

防治方法 幼虫3龄前日落时喷洒5%氯虫苯甲酰胺悬浮剂1000～1500倍液，10～12天1次。或20%氟虫双酰胺水分散粒剂3000倍液，10～12天1次。或22%氰氟虫腙悬浮剂600倍液，6%乙基多杀菌素悬浮剂1500～2000倍液，有利于保护天敌。

小知识：

西瓜也有公母之分（康火南）

西瓜是热天里人们首选的养生美味水果，既能消暑解渴，又能瘦身减肥，它发挥的功效真是大哈！你听说过西瓜分"公""母"，你吃的是母瓜吗？可是圆滚滚的西瓜，皮包着肉，看不见摸不着怎么区分公母呢？

看圈圈

瓜的底部有个小黑圈，圈大是公瓜，圈小是母瓜。那个小黑圈越小越好，小黑圈若越大，瓜皮就越厚，那才不好。而且两端要匀称，脐部和瓜蒂凹陷较深，四周饱满是好瓜；头大尾小或头尖尾粗是质次的瓜。

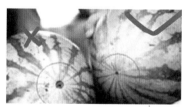

看纹路

瓜表面的纹路整齐，有规则是母瓜，纹路不整齐无规则为公瓜。瓜体匀称的生长正常，质量优；瓜体畸形的，生长不正常，质量次之。

看瓜蒂

西瓜头就是所谓的瓜蒂，若是直直的一条线，是公瓜，子多子大，口感粗而淡，不选。若是卷曲圈起来，像养女的卷发那是母的，瓜子小子少，口感细而甜，必选。再看瓜蒂是绿色的，是熟瓜；黑褐色、茸毛脱落、弯曲发脆、卷须尖端变黄枯萎的，是不熟就摘的瓜；瓜柄已枯干，是"死藤瓜"，质量差。

看颜色

瓜皮表面光滑，鲜艳，是母瓜，底面发黄的，是熟瓜；表面有茸毛、光泽暗淡、花斑和纹路不清的，是不熟的瓜；用手指弹瓜听到"嘭嘭"声的，是熟瓜；听到"当当"声的，还不成熟，听到"噗噗"声的，是过熟的瓜。挑瓜最好挑青绿色，不要雾雾白白的。

附录 农药的稀释计算

1. 药剂浓度表示法

目前，我国在生产上常用的药剂浓度表示法有倍数法、百分比浓度（%）和百万分浓度法。

倍数法是指药液（药粉）中稀释剂（水或填料）的用量为原药剂用量的多少倍，或者是药剂稀释多少倍的表示法。生产上往往忽略农药和水的密度差异，即把农药的密度看作1。通常有内比法和外比法两种配法。用于稀释100（含100倍）以下时用内比法，即稀释时要扣除原药剂所占的1份。如稀释10倍液，即用原药剂1份加水9份。用于稀释100倍以上时用外比法，计算稀释量时不扣除原药剂所占的1份。如稀释1000倍液，即可用原药剂1份加水1000份。

百分比浓度（%）是指100份药剂中含有多少份药剂的有效成分。百分比浓度又分为重量百分比浓度和容量百分比浓度。固体与固体之间或固体与液体之间，常用重量百分比浓度；液体与液体之间常用容量百分比浓度。

2. 农药的稀释计算

（1）按有效成分的计算法

原药剂浓度 × 原药剂重量 = 稀释药剂浓度 × 稀释药剂重量

① 求稀释剂重量

计算100倍以下时：

稀释剂重量 = 原药剂重量 ×（原药剂浓度 – 稀释药剂浓度）/ 稀释药剂浓度

例：用40% 嘧霉胺可湿性粉剂10kg，配成2% 稀释液，需加水多少？

$10kg×（40\%-2\%）/2\% = 190\,kg$

计算100倍以上时：

稀释剂重量 = 原药剂重量 × 原药剂浓度 / 稀释药剂浓度

例：用100ml 80% 敌敌畏乳油稀释成0.05浓度，需加水多少？

$100ml×80\%/0.05\% = 160L$

② 求用药量

原药剂重量 = 稀释药剂重量 × 稀释药剂浓度 / 原药剂浓度

例：要配制0.5% 香菇多糖水剂1000ml，求40% 乳油用量。

$1000ml×0.5\%/40\% = 12.5ml$

（2）根据稀释倍数的计算法

此法不考虑药剂的有效成分含量。

① 计算100倍以下时

稀释剂重量 = 原药剂重量 × 稀释倍数 – 原药剂重量

例：用40% 氰戊菊酯乳油10ml加水稀释成50倍药液，求稀释液用量。

$10ml×50-10 = 490ml$

② 计算100倍以上时

稀释药剂量 = 原药剂重量 × 稀释倍数

例：用80% 敌敌畏乳油10ml加水稀释成1500倍药液，求稀释液用量。

$10ml×1500 = 15×10^{3}ml$

参考文献

［1］ 中国农业科学院植物保护研究所，中国植物保护学会．中国农作物病虫害［M］．3版．北京：中国农业出版社，2015.

［2］ 吕佩珂，苏慧兰，高振江，等．中国现代蔬菜病虫原色图鉴［M］．呼和浩特：远方出版社，2008.

［3］ 吕佩珂，苏慧兰，高振江．现代蔬菜病虫害防治丛书［M］．北京：化学工业出版社，2017.

［4］ 李宝聚．蔬菜病害诊断手记［M］．北京：中国农业出版社，2014.